이 문제 정말 풀 수 있겠어?

단 100개의 퍼즐로 두뇌의 한계를 시험한다!

이 문제 정말 풀 수 있겠어?

홀거 담베크 지음 | 박지희 옮김

북라이프

옮긴이 **박지희**

서강대학교에서 생물학과 독문학을 전공한 뒤 국제특허법인에서 일했으며, 글밥 아카데미를 수료하고 바른번역 소속 번역가로 활동하고 있다. 옮긴 책으로 《서른과 마흔 사이, 나를 되돌아볼 시간》, 《순간을 기록하다 for me》, 《순간을 기록하다 for love》, 《데미안》, 《수레바퀴 아래서》, 《막스 빌 대 얀 치홀트 : 타이포그래피 논쟁》, 《1517 종교개혁》, 《굿바이 가족 트라우마》 등이 있다.

이 문제 정말 풀 수 있겠어?

1판 1쇄 발행 2019년 8월 26일
1판 8쇄 발행 2024년 7월 19일

지은이 | 홀거 담베크
옮긴이 | 박지희
발행인 | 홍영태
발행처 | 북라이프
등 록 | 제2011-000096호(2011년 3월 24일)
주 소 | 03991 서울시 마포구 월드컵북로6길 3 이노베이스빌딩 7층
전 화 | (02)338-9449
팩 스 | (02)338-6543
대표메일 | bb@businessbooks.co.kr
홈페이지 | http://www.businessbooks.co.kr
블로그 | http://blog.naver.com/booklife1
페이스북 | thebooklife
ISBN 979-11-88850-72-3 03400

아무 실마리도 보이지 않는 상황에서
우아하게 출구를 발견하는 경험을
가능한 많이 하길 소망한다.

"대체 수학이 왜 필요한가요?"

지금까지 계속해서 이런 질문을 들어왔다. 많은 사람이 수학이라고 하면 계산을 위해 존재한다고 생각하거나 복잡하고 외우기 어려운 공식들을 떠올린다.

사람이 만든 도구가 다 그렇듯 수학이 필요한 진짜 이유는 번거롭고 복잡한 계산을 하지 않기 위해서다. 모든 수학자가 동의하진 않겠지만 이 책에 등장하는 까다로운 문제들을 해결할 때만큼은 그렇다고 장담한다. 이 책은 내가 〈슈피겔 온라인〉에 매주 연재하는 '이 주의 퀴즈'Rätsel der Woche에 등장했던 최신 문제들 중에서 특별히 골라 엮은 것이다.

퀴즈는 '대중수학' 장르에 해당한다. 나는 '대중음악'이 연상되는 이 단어를 그리 좋아하진 않는다. 어쩐지 시끄럽고 빠른 음악이 귀에 들리는 것 같기 때문이다.

그렇지만 문제풀이에 푹 빠지는 경험은 엄청난 즐거움을 선사한다. 수학에는 분명 대중적인 재미가 있다. 퀴즈를 풀면 우리 뇌는 평소와 다른 방식으로 일하기 시작한다. 수학이 재미있는 이유는 단지 풀리지 않던 문제의 답이 갑자기 번쩍 떠오르는 순간 때문만은 아니다.

앞서 말했듯 수학은 무엇보다도 번거로운 계산을 하지 않게 해준다. 문제를 해결할 때 학교에서 별 생각 없이 배운 방식 말고도 얼마든지 창의적이고 우아하게 해결할 방법이 있기 때문이다.

이 말이 정말이라는 두 가지 사례를 보자. 이 책의 독자라면 첫 번째 사례를 이미 알고 있을 것이다.

1부터 10까지 모두 더하면 어떤 수가 되는가?

도형을 이용해 아름답게 푸는 법이 있다. 1부터 10까지를 검은 원으로 그려 10개의 줄로 늘어놓았다. 첫 번째 줄에는 1개, 두 번째 줄에는 2개, 이런 식으로 열 번째 줄에는 10개의 원을 그렸다. 다음 페이지 왼쪽 그림이 바로 그 그림이다. 아직 답은 보이지 않는다.

하지만 동일한 그림을 하나 더 그리고 180도 회전시켜 이 그림 위에 올려보면 어느새 문제가 풀려 있다(8페이지 오른쪽 그림). 그림의 사각형에는 세로에 원이 10개, 가로에 11개 존재한다. 즉, 110개의 원이 있는 것이다. 사각형

을 이루는 두 삼각형이 동일하므로 110을 반으로 나눠보자. 이렇게 해서 답이 55라는 것을 알게 되었다.

두 번째 문제는 앞 문제만큼 간단하지 않다. 하지만 역시 간단한 도형을 그리면 그림에서 저절로 답이 나온다.

$$\frac{1}{4} + \frac{1}{16} + \frac{1}{64} + \frac{1}{256} + \cdots = ?$$

4의 거듭제곱의 역수를 모두 더하면 어떤 수가 되는가?

답은 1/3이다. 정사각형을 사등분하면 1/4이고, 그렇게 생긴 작은 정사각형을 다시 사등분하면 1/16이다. 계속해서 그런 방식으로 더하는 것을 그림으로 그려보면 오른쪽 그림과 같다.

1/4 +1/16 +1/64 +…는 검게 표시한 정사각형의 합계다. 각각의 검은 정사각형이 1/4, 1/16, 1/64을 나타내기 때문이다. 그런데 그림에 한 가지 비밀이 더 보인다. 검은 정사각형과 회색 정사각형과 흰색 정사각형의 면적을 모두 더하면 정사각형의 전체 면적이라는 점이다.

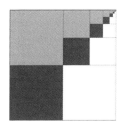

식으로 표현하면 다음과 같다.

$$1 = 3 \times \left(\frac{1}{4} + \frac{1}{16} + \frac{1}{64} + \cdots \right)$$

이제 양변을 3으로 나누어 우리가 원하는 답을 구하자.

$$\frac{1}{3} = \frac{1}{4} + \frac{1}{16} + \frac{1}{64} + \cdots$$

여전히 이 문제가 까다로워 보이는가? 지금은 그렇지 않을 것이다.

나는 여러분이 이 책에 실린 100가지 문제에서 즐거움을 맛보길 바란다. 💡가 붙은 어려운 문제에도 도전해보자. 그리고 아무 실마리도 보이지 않는 상황에서 우아하게 출구를 발견하는 경험을 가능한 많이 하길 소망한다.

홀거 담베크

차례

제1장 | 클래식 퀴즈
_퀴즈 마니아들에게 오랫동안 사랑받은 고전 문제들

제2장 창의적 문제
_우리를 시험에 들게 하는 더 정교하고 치밀한 문제

제3장 논리력 문제
_누가 진실을 말하고 있을까?

제4장 | **선으로 이루어진 문제**
_무엇이든 입체적으로 보는 눈이 필요하다!

제5장 | **숫자로 하는 두뇌게임**
_당신은 얼마나 숫자와 친해질 수 있을까?

제6장 | ## 확률 문제
_세상의 모든 일은 결국 확률 게임이다

여러분이 이 책을 집어든 것은 결코 우연이 아니다. 여러분은 분명히 수학을 좋아하고, 머리를 쓰는 수수께끼 풀이를 즐길 것이다. 여러분이 여기에 등장하는 문제를 무작정 풀다가 지치지 않았으면 좋겠다는 마음에서, 본격적으로 문제를 만나기 전 몇 가지 문제풀이 기법을 소개한다. 안타깝지만 모든 문제에 적용할 수 있는 보편적인 전략은 없다. 하지만 몇몇 방법만 기억하면 여러분은 어떤 문제든 해결할 수 있다. 내 책《앵무새도 덧셈을 한다》를 읽은 독자라면 이미 알고 있는 전략도 있을 것이다. 나는 그 책의 한 장 전체를 창의적인 문제풀이 기법을 소개하는 데 할애했다. 여기서는 더 다양한 방법을 소개하려고 한다.

1. 포기하지 말고 계속 생각하기

인내심을 갖자! 문제를 풀기 위해서는 충분히 생각해야 한다. 문제해결 능력을 높이고 싶다면 잠시 생각하다 곧바로 해답으로 넘어가지 말자. 충분한 시간을 들여서 문제를 차곡차곡 머리에 담자. 아무리 생각해도 실마리가 보이지 않는다면 그 문제는 일단 보류하고 다른 문제를 풀어라. 다른 생각을 하는 것만으로도 이제까지 풀리지 않던 문제의 출구가 보일 수 있다. 어쩌면 예상치 못한 순간, 예를 들어 다음 날 아침에 이를 닦다가 엉켰던 실타래가 술술 풀리는 때가 찾아올지 모른다.

2. 문제의 내용을 정확히 분석하기

가장 먼저 할 일은 당연히 문제에서 무엇을 묻는지 정확히 이해하는 것이다. 문제에서 어떤 부분이 이상하게 느껴진다면 그 부분을 주의해서 반복해 읽어보라. 대개 그런 부분이 중요한 실마리를 갖고 있는 경우가 많기 때문이다. 가령 이 책의 12번 문제와 비슷한 다음 문제를 보자.

> 비행기에서 2명의 러시아 수학자가 우연히 마주쳤다.
> 한 수학자가 물었다.
> "자네, 아들이 셋이랬지? 애들이 지금 몇 살이야?"
> 다른 수학자가 대답했다.
> "애들 나이를 곱하면 36이고, 합하면 정확히 오늘 날짜라네."

그 말을 들은 수학자가 다시 말했다.

"흠, 그것만으로는 정보가 부족한데."

"참, 큰아들에게 개가 한 마리 있다는 이야기를 빼먹었군."

이 수학자의 세 아들은 각각 몇 살일까?

독자 여러분도 개에 관한 이야기를 이상하게 느꼈는가? 곰곰이 생각해보면 개 대신에 고양이나 장난감이 들어가도 무방하다. 그럼에도 이 문장은 다른 요소 때문에 중요하다. 재미에 방해가 될 수 있으니 너무 많은 내용은 발설하지 않겠다.

3. 체계적으로 생각하기

문제가 반쯤 해결된 것 같으면 그때부터는 모든 가능한 조합을 써보고 하나씩 자세히 들여다보자. 이 방법은 특히 논리 문제를 풀 때 유용하다. 예를 들어 세 사람이 말을 하고 있는데, 셋 중 한 사람은 거짓말을 하고 있다고 해보자. 그 사람은 누구일까?

A) B가 거짓말을 했다.

B) C가 거짓말을 했다.

C) 나는 거짓말을 하지 않았다.

이제 표를 하나 만들고 가능한 경우를 모든 칸에 채워보자.

	첫 번째 경우	두 번째 경우	세 번째 경우
A) B가 거짓말을 했다	거짓	진실	진실
B) C가 거짓말을 했다	진실	거짓	진실
C) 나는 거짓말을 하지 않았다	진실	진실	거짓
	모순	가능	모순

그리고 각각의 경우를 하나씩 분석해보자. 두 번째 경우는 가능한 반면, 첫 번째와 세 번째 경우는 논리적으로 모순이다. 첫 번째는 A만 거짓을 말하지만, B가 C를 거짓말쟁이로 지목하므로 모순이다. 세 번째는 C만 거짓을 말하지만, A가 B를 거짓말쟁이로 지목하므로 역시 모순이다. 각각의 모순 때문에 첫 번째와 세 번째 경우는 우리가 찾는 답이 아니며 두 번째 경우만 논리적으로 가능하다. 따라서 B가 거짓말을 했다는 것을 알 수 있다.

4. 가능한 단순하게 생각하기

아주 복잡해 보이는 관계가 등장하거나 엄청나게 큰 숫자가 등장하는 문제는 대부분 단순한 것을 묻는다. 문제를 제대로 이해하기도 전에 이런 요소들이 머리를 아프게 하는 것이 함정이다.

예를 들어 테이블에 사기꾼 100명과 목에 칼이 들어와도 진실만 말하는 100명이 앉아 있다고 한다면, 먼저 이 문제의 조건을 단순화해보자. 테이블에 거짓말쟁이 2명과 정직한 사람 2명이 앉아 있다고 말이다. 이렇게 상황을 단순하게 만든 후 문제가 요구하는 답을 구하면 복잡해 보이는 문제를 만나도 금세 실마리를 찾을 것이다.

5. 다르게 생각하기

익숙한 길에서 벗어나라. 이것이야말로 창의적인 생각을 하는 데 아주 중요한 방법이다. 수학 문제를 풀면서 창의적으로 생각하기란 의외로 어렵다. 대부분 어릴 때 배운 익숙한 문제풀이 방식을 적용하기 때문이다. 기차 여행을 하는 경우가 이와 같다. 선로가 이어지는 장소만 방문할 수 있으므로 다른 많은 것을 놓치기 쉽기 때문이다.

가끔은 보는 시각을 바꾸거나 문제의 구성을 달리 생각해보면 해답을 빨리 만나게 된다. 숫자가 등장하는 문제를 도형으로 풀어보면 어떨까? 몇 가지 사례를 만나 보자.

어떤 남자가 오전 10시에 등산을 시작해 오후 2시에 산 위에 있는 산장에 도착했다. 그곳에서 잠을 자고 다음 날 다시 오전 10시에 출발해 산 아래로 내려왔다. 오르막보다 내리막이 편하기 때문인지 남자는 오후 2시보다 빨리 산 아래에 도착했다. 남자가 이틀간 동일한 시각에 정확히 동일한 위치에 서 있는 시점이 오전 10시와 오후 2시 사이에 적어도 한 차례 존재함을 증명하라.

문제에는 등산가가 오르는 산의 높낮이나 속도에 관한 어떤 정보도 없다. 하지만 문제를 조금 바꾸어 표현하면 문제가 쉬워 보일 것이다.

> 2명의 등산객이 오전 10시부터 4시간가량 산을 탄다. 1명은 산 아래부터 출발해서 산 위로 올라가며, 다른 1명은 산 위에서 아래로 내려온다. 이 두 사람이 정확히 동일한 위치에 이르는 시점이 오전 10시와 오후 2시 사이에 적어도 한 차례 존재함을 증명하라.

이제 문제풀이가 더 쉬워졌다. 우리는 두 등산객이 만나는 순간을 찾기만 하면 된다. 문제를 하나 더 살펴보자.

> $1+2+3+4+\cdots+97+98+99+100$은 어떤 수일까?

이 문제는 암산이나 계산기로 천천히 풀 수 있다. 하지만 독일의 천재 수학자 카를 프리드리히 가우스Carl Friedrich Gauß 는 소년이었을 때 더 나은 방법을 생각해냈다. 그는 문제의 숫자를 이렇게 바꾸었다.

> $1+100+2+99+\cdots+50+51$은 어떤 수일까?

우리도 이 문제의 답을 금방 써낼 수 있다. $101 \times 50 = 5{,}050$이다.

창의적인 문제풀이의 마지막 예제는 특별한 원리를 가진 달력이다.

어떤 남자에게 나무로 만든 정육면체가 2개 있다. 단 2개의 나무 정육면체로 한 달의 날짜를 01부터 31까지 표시할 수 있다. 정육면체의 각 면에는 각각 어떤 숫자가 쓰여 있을까?

이번 문제는 비교적 쉬운 편이다. 2개의 정육면체에는 각각 6개의 면이 있다. 그러므로 0부터 9까지의 숫자를 12개 면에 고르게 나누면 된다. 하지만 어떻게 나누어야 하는가가 문제다. 한 달의 날짜는 01부터 31까지 있다. 11일과 22일이 존재하므로 두 정육면체에는 반드시 1과 2가 모두 들어가야 한다.

또한 01일부터 09일까지 표시할 수 있으려면 두 정육면체에 모두 0이 존재해야 한다. 1부터 9까지의 숫자가 면이 6개인 한 정육면체에 모두 들어가지 않기 때문이다.

이제 두 정육면체의 세 면은 0, 1, 2로 정해졌다. 남은 면은 모두 6개다. 그런데 공교롭게도 남은 숫자는 7개다. 3, 4, 5, 6, 7, 8, 9. 예를 들어 한 정육면체에 0, 1, 2, 3, 4, 5를 채우고, 다른 정육면체에 0, 1, 2, 6, 7, 8을 채우면 9를 표시할 수 없게 된다.

이제 어떻게 해야 할까? 이 문제는 원래부터 아무도 풀 수 없는 문제였을까? 그렇지 않다. 우리는 이미 문제를 해결했다. 9가 필요하면 6을 뒤집으면 된다. 이로써 달력의 모든 숫자를 표시할 수 있게 되었다.

6. 사회 공학* – 비틀어 생각하기

때로는 너무 많은 해답이 있는 것 같은 문제를 만날 때가 있다. 다음 문제를 살펴보자.

> 10개의 숫자 0, 1, 2, 3, 4, 5, 6, 7, 8, 9를 모두 갖는 열 자리 소수를 전부 찾아라(소수란 1과 자신만으로 나누어떨어지는 1보다 큰 정수를 말한다).

수학의 확률을 배운 사람이라면 10개의 숫자로 만들 수 있는 수가 300만 개가 넘는다는 것을 짐작할 것이다. 이 숫자들이 소수인지 아닌지 하나하나 확인할 수는 없다. 누가 이런 어려운 문제를 풀 수 있을까?

지금까지의 경험상 이런 경우는 답이 하나거나 아예 없을 가능성이 높다. 만약 몇 개가 존재한다고 치자. 그렇다면 열 자릿수의 각 자릿수 합은 전부 동일할 것이다. 즉, $1 + 2 + 3 + 4 + 5 + 6 + 7 + 8 + 9 = 45$이다. 그런데 45는 3과 9로 나누어진다. 3의 배수의 각 자릿수를 모두 합하면 3의 배수가 된다는 사실이 이미 증명돼 있으므로 0부터 9까지로 이루어진 열 자릿수는 무조건 3으로 나뉘며 소수가 아니다. 따라서 이 문제의 답은 존재하지 않는다.

---

*   사회 공학은 일반적으로 정상적인 보안 절차를 깨고 인맥을 동원하거나 공기관을 사칭해 정보를 얻는 기술을 가리키는 용어다. 여기서는 정상적인 풀이 과정을 깨고 거꾸로 답을 추론하는 것을 가리킨다.—옮긴이

7. 직접 푸는 대신 간접적으로 풀기

방금 살펴본 문제에서는 이론적으로 300만 개가 넘는 숫자가 존재할 수 있었다. 이제 더욱 난이도를 높여서 무한히 많은 수를 다루어보자.

소수가 무한히 많이 존재한다는 사실을 증명하라.

우선 모든 소수를 종이에 직접 써보는 방법이 있다. 몇 개 적다 보면 왠지 이 작업이 영원히 끝나지 않을 것이란 느낌이 온다. 이 문제는 절대로 이런 방법으로 증명하면 안 된다.

그렇다면 간접적으로 풀어보자. 뒷문을 이용하는 것이다. 도둑들도 이렇게 한다. 거대한 성을 털기 위해 두꺼운 성문을 공략하기보다 성 뒤편에서 쉽게 열 수 있는 지하실 창문을 찾아내는 편이 합리적이다.

어떤 명제를 간접적으로 증명하려면 우선 명제의 반대 명제를 만들어야 한다. 이러한 간접적 증명이 가능한 이유는 수학에 있는 논리적 일관성 때문이다. 하나의 명제는 참이거나 거짓이며, 서로 반대되는 두 명제는 동시에 참이 될 수 없다.

이제 소수가 유한히 많다고 가정해보자. 유한한 소수의 개수를 n이라고 하고 각각의 소수는 $p_1, p_2, p_3, \cdots, p_n$이라 부르자. 이 소수를 모두 곱하면 다음과 같이 될 것이다.

$$p_1 \times p_2 \times p_3 \times \cdots \times p_n$$

이 자연수는 아주 흥미로운 속성을 지닌다. n개의 소수, $p_1, p_2, p_3 \cdots, p_n$으로 나뉘는 속성이다. 이 소수를 모두 곱해 만든 자연수이기 때문이다. 이제 요술을 부릴 차례다. n개의 소수를 곱해서 생긴 이 자연수에 1을 더해보자.

$$p_1 \times p_2 \times p_3 \times \cdots \times p_n + 1$$

이렇게 생긴 수 역시 자연수다. 그런데 이 수는 더 이상 n개의 소수로 나누어떨어지지 않으며 항상 나머지로 1을 남긴다. 그렇다면 이 수는 $p_1, p_2, p_3 \cdots,$ p_n에 속하지 않는 새로운 소수일 수밖에 없다. 그렇지 않다면 n개의 소수에 속하지 않는 둘 이상의 소수가 곱해져서 만들어진 수일 것이다.

자, 그런데 우리는 소수가 유한해 n개만 있다고 가정했으므로 모순이 생겼다. 소수가 유한히 많다는 명제는 참이 아니라는 것을 알게 되었다. 그러므로 소수는 무한히 많이 존재한다는 결론이 나온다. 벌써 문제가 묻는 사실을 증명해낸 것이다.

간접적 문제풀이라는 표현이 다소 이상하게 들릴 것이다. 주어진 명제의 반대를 증명하는 것도 이상할 것이다. 하지만 이것은 꽤 효과적인 방법이다.

8. 서랍의 원칙 – 정리해서 풀기

누구나 하루 종일 물건을 정리하고 분류해본 경험이 있을 것이다. 그러면 서랍이 수납에 얼마나 도움이 되는지도 알 것이다. 수학적 사고에서도 그렇다! 서랍의 원칙이 어떻게 기능하는지 다음 예제를 풀면서 이해해보자.

> 체육관 지하 창고에 네 가지 색상의 스키 스틱이 있다. 흰색, 빨간색, 파란색, 초록색. 스틱의 길이는 전부 똑같다. 운동부가 스틱 몇 개를 꺼내려고 하는데 그 순간 창고 전기가 나가서 아무것도 보이지 않게 되었다. 동일한 색상의 스틱을 최소한 2개 가져가려면 몇 개의 스틱을 꺼내야 할까?

이 문제에는 서로 다른 색상이 담긴 4개의 서랍이 등장한다. 만약 무작위로 스틱을 몇 개 꺼내 밝은 곳으로 나가서 서랍에 담는다고 한다면, 다섯 번째 스키 스틱은 반드시 최소 앞의 하나와 중복될 것이다. 다섯 번째 스틱을 담을 서랍에는 필연적으로 스틱 하나가 들어 있을 것이기 때문이다.

9. 도미노 방법 – 연쇄적으로 생각하기

어떤 문제가 모든 자연수를 n이라고 한다는 이야기를 한다면 완전귀납법*이라는 방법을 사용할 타이밍이다. 나는 이 방법을 완전귀납법보다는 도미노 방법이라고 부르고 싶다. 이 증명 방식이 어떻게 기능하는지 안다면 내 말을 이해할 수 있을 것이다.

탁자 위에 세운 도미노 블록이 모두 연쇄적으로 쓰러지려면 다음 두 가지가 반드시 필요하다.

- 첫 번째 도미노 블록이 넘어져야 한다.
- 모든 블록이 하나가 넘어지면 다음 블록도 넘어지도록 세워져 있어야 한다.

이제 도미노 방법의 예를 알아보기 위해 홀수의 합산 공식을 살펴보자. 다음 등식을 자세히 관찰해보라.

$$1 = 1 = 1^2$$
$$1 + 3 = 4 = 2^2$$
$$1 + 3 + 5 = 9 = 3^2$$
$$1 + 3 + 5 + 7 = 16 = 4^2$$
$$1 + 3 + 5 + 7 + 9 = 25 = 5^2$$

＊ 완전귀납법이란 P(n)이라는 명제가 모든 자연수에 대해 성립함을 보이기 위해 P(n)이 성립할 경우 P(n + 1)도 성립함을 증명하는 방법이다.— 옮긴이

위의 등식을 보면 1부터 시작해 홀수를 계속 더하면 항상 어느 수의 제곱이 되는 것을 알 수 있다. 모든 자연수를 n이라고 한다면 우리는 홀수를 $2n+1$ 또는 $2n-1$로 쓸 수 있다. 만약 등식의 오른쪽에 n^2을 놓고 싶다면 등식의 왼쪽에 들어가는 홀수 중 가장 큰 수는 $2n-1$이 돼야 할 것이다. 이 내용을 종합해 다음과 같은 등식을 만들 수 있다.

$$1 + 3 + \cdots + 2n - 1 = n^2$$

이제 도미노 방법으로 증명해보자. 이 등식은 n = 1, 2, 3, 4, 5에 대해서는 성립한다. 즉, 첫 번째 도미노 블록은 물론 첫 5개 블록이 모두 확실히 넘어진다. 첫 단추는 잘 끼운 셈이다.

이제 임의의 도미노 블록, i번째를 생각해보자. i는 물론 자연수다. 이 블록 역시 넘어진다고 가정하자. 여기서 블록이 넘어진다는 것은 위의 합산_SUM 등식이 성립한다는 의미다.

$$SUM(i) = 1 + 3 + 5 + \cdots + 2i - 1 = i^2$$

그렇다면 i + 1번째 블록은 어떻게 될까? 이 블록 역시 넘어지며 등식이 성립할까? 이를 증명하는 일은 비교적 쉽다. i번째 블록에 관한 등식에 홀수를 하나 더 더해주면 i + 1번째 블록에 대한 합산 등식을 만들 수 있기 때문이다.

이 홀수는 $2(i+1)-1$로 표현할 수 있다.

$$SUM(i+1) = SUM(i) + 2(i+1) - 1$$
$$= SUM(i) + 2i + 1$$
$$= i^2 + 2i + 1$$

이 등식의 마지막 값은 어디선가 본 적이 있을 것이다. 우리에게 익숙한 2항식 인수분해 공식 중 하나다.

$$(a+b)^2 = a^2 + 2ab + b^2$$

$a=i$이고 $b=1$이라고 하면 다음과 같은 결과를 얻을 수 있다.

$$SUM(i+1) = (i+1)^2$$

이렇게 우리는 $n=i$일 때 등식이 성립한다면 $n=i+1$일 때도 합계 등식이 성립한다는 사실을 증명했다. 다른 말로 표현하면, 우리의 홀수 합계 공식은 모든 자연수 n에 대해 성립한다.

제1장

클래식 퀴즈

**퀴즈 마니아들에게
오랫동안 사랑받은 고전 문제들**

01 다음에 나타나는 도형은 어떤 모양일까?

전에도 이런 문제를 본 적 있을 것이다. 재미없게 생긴 도형 4개가 나란히 있다. 예쁘고 동글동글한 모양도 아니고 색상도 단조로워 아쉽지만, 이제 여러분은 이것만 보고서 다섯 번째 도형이 어떻게 생겼을지 예측하고, 왜 그런 모양인지 논리적으로 설명해야 한다.

이런 퀴즈를 풀기 위해 필요한 것은 주로 분석력과 논리력이지만, 창의력

032

과 역발상 능력도 꽤 요구된다. 그래서 이런 문제는 IQ 테스트나 기업 채용을 위한 인적성 검사에 자주 등장한다.

이 문제에는 보기가 없다. 여러분이 도형의 모습을 보고 종이에 직접 그리며 규칙을 찾아내야 한다. 이 정도는 큰 어려움 없이 할 수 있을 것이라 믿는다.

02 저울 없이 초콜릿 무게를 정확하게 맞힐 수 있을까?

저울이 있으면 무게를 정확하게 달 수 있다. 이번 문제에서는 이 저울을 잘 활용해보자. 초콜릿 바 1개의 무게는 정확히 100g이다. 현대의 기술을 이용하면 손쉽게 일정한 무게로 초콜릿을 만들 수 있다. 초콜릿을 녹여서 액체로 만든 뒤 정해진 무게만큼 틀에 부어 모양을 만들면 된다. 그러나 가끔은 이렇게 해도 문제가 생기는데 이번 문제가 바로 그런 경우다.

초콜릿 제조 기계를 잘못 설정하는 바람에 한 세트에 담긴 초콜릿 바가 하나에 5g씩 더 무거워지게 되었다. 다행히 작업반장이 이를 재빨리 발견하고 기계 설정을 수정했다.

그는 무거운 초콜릿 세트를 창고로 옮겨놓았지만, 작업자들에게 화를 내느라 하나에 105g짜리 초콜릿이 들어간 세트가 어느 것인지 잊어버리고 말았다. 창고 안에는 초콜릿 바 10개가 담긴 초콜릿 세트가 열 세트 놓여 있고 그중에 한 세트는 잘못 만든 초콜릿이다.

105g짜리 초콜릿이 든 세트를 찾아라! 여러분은 0.001g까지 정확하게 측정하는 디지털 저울을 단 한 번만 사용해 틀린 초콜릿 세트를 찾아야 한다. 단, 모든 세트에서 초콜릿 바를 몇 개든 자유롭게 꺼내 저울에 올려놓을 수 있다.

무게를 재보았으니 이번엔 시계를 볼 차례다.

일주일 중 가장 황홀한 저녁 시간에 관한 이야기다. 일요일 저녁, 8시 15분을 조금 넘긴 시간. 짭짤한 감자칩과 차가운 맥주가 우리의 주인공과 함께하고 있다. 저녁 시간대 범죄수사 드라마 애청자인 그는 이미 텔레비전 앞에 편안히 자리를 잡았다. 드라마에서 아직 살인은 일어나지 않았지만 곧 뭔가 사건이 벌어질 것이다.

문득 벽시계를 바라본 그는 깜짝 놀랐다. 시계의 긴바늘과 짧은바늘이 숫자 6을 기준으로 정확히 대칭으로 벌어져 있는 것이 아닌가? 수직선을 기준으로 두 바늘은 방향만 다를 뿐 똑같은 각도로 벌어져 있었다.

두 시곗바늘이 대칭을 이루는 것이 가능할까? 그렇다면 그 순간은 정확히 몇 시, 몇 분, 몇 초일까?

이 점을
주의하자 두 시곗바늘은 일정한 속도로 움직이며, 정지하며 움직이는 것이
아니라 연결성 있게 움직인다.

04 폭력배 1명은 살아남는다. 어째서일까?

이번에는 성격이 완전히 다른 문제를 만나 보자. 사람의 생사가 걸린 문제이니 긴장해야 한다.

자정을 조금 앞둔 시각, 아무도 없는 외진 장소에 5명의 검은 형체가 모습을 드러냈다.

한때 가족 같았던 폭력 조직이 수년 전 와해되었다가 오늘의 결투로 서로의 운명을 결정할 예정이었다. 폭력배 5명은 모두 서로에게서 각각 다른 거리를 두고 떨어져 있다.

모든 사람의 권총에는 총알이 1발씩 장전돼 있고, 각각 자기에게서 가장 가까이 선 사람을 향해 총을 겨누고 있다. 정확히 자정이 돼 교회 종이 울리기 시작하면, 5명은 일제히 방아쇠를 당길 것이다. 총에 맞으면 곧바로 목숨

038

을 잃는다.

이들 중 적어도 1명은 살아남는다는 것을 증명해보라!

05 〉 물에 섞인 와인, 와인에 섞인 물, 어느 쪽?

이번에 만날 문제는 꽤 버겁다고 생각할 수도 있다. 조금 힌트를 주자면 주어진 상황을 너무 복잡하게 생각하지 않길 바란다.

테이블 위에 같은 크기와 모양의 와인 잔이 2개 놓여 있다. 한 잔에는 와인이 채워져 있고, 다른 잔에는 같은 양의 물이 담겨 있다. 자, 와인 잔을 들어 물잔에 와인을 적당히 쏟은 뒤 물잔 속의 액체를 잘 섞어주자. 이번에는 물잔의 액체를 와인 잔에 쏟아서 두 잔에 담긴 액체의 양이 정확히 똑같아지도록 만들어라.

이제 와인에 섞인 물의 양이 더 많아졌을까, 물에 섞인 와인의 양이 더 많아졌을까?

물잔에 담긴 두 액체를 잘 섞는 동안 액체의 손실은 전혀 일어나지 않는다고 가정한다. 액체를 숟가락이나 다른 도구를 이용해 섞더라도 묻어 나오는 일이 없다고 생각하는 것이다. 또한 와인의 성분이 알코올과 물로 구성돼 있다는 사실은 무시한다. 이 문제에서 와인은 물이 아닌 별도의 균질한 액체이며, 물과 잘 섞인다고 가정한다.

06 도화선에 섣불리 불을 붙이지 말 것

우리가 평소에 도화선에 불을 붙일 일은 거의 없다. 하지만 수학 문제 출제 자들은 급박하고 스릴 있는 분위기를 연출하기 위해 도화선을 즐겨 사용한 다. 여기에 2개의 문제가 있다. 그중 하나는 쉽고 하나는 조금 머리를 써야 한다.

쉬운 문제부터 풀어보자. 여러분에게 2개의 도화선이 있다. 두 도화선은 길이가 다르지만 전체가 타는 데 걸리는 시간은 둘 다 정확히 1분이다. 두 도 화선을 이용해 45초가 되는 시점을 알아낼 수 있는가?

이 점을 주의하자 도화선을 반으로 접어 정중앙을 확인할 수 없다. 자를 사용하거나 펜으로 눈금을 표시해서도 안 된다.

이번에는 타는 데 1분이 걸리는 도화선이 1개 있다. 이것을 이용해 10초가 되는 시점을 알아낼 수 있을까? 이번에도 반으로 접어서 확인할 수 없으며 자와 펜 역시 사용할 수 없다.

07 제한된 물과 음식만으로 사막을 횡단할 수 있을까?

저울과 도화선, 시계까지 잘 해결했다면 이제 사막에 들어갈 준비가 되었다. 태양이 무자비하게 내리쬐며 그늘이라고는 찾을 수 없는 곳. 이글거리는 뜨거운 열기를 느끼며 사막을 걸어봤다면 충분한 물을 챙기는 일이 얼마나 중요한지 알 것이다. 이번 문제의 주인공 역시 이 사실을 무척 잘 알고 있다.

한 운동선수가 걸어서 지나가면 6일 걸리는 사막을 횡단하려고 한다. 출발 지점에는 물과 음식이 충분하다. 하지만 한 번에 챙길 수 있는 물과 식량은 4일치뿐이다. 어떻게 해야 이 운동선수가 사막을 횡단할 수 있을까?

이 점을 주의하자 이 운동선수가 4일치 음식을 챙겨 출발하면 하루 동안 하루치 음식을 먹어야 하므로, 하루가 지난 후에는 3일치 음식이 남는다. 물과 식량은 중간에 사막에 보관할 수 있다.

08 배에 있던 돌을 호수에 던졌을 때 생기는 일

이번의 클래식 퀴즈는 물리학 문제다. 부력의 원리를 잘 아는 독자에겐 이 문제가 어렵지 않을 것이다.

눈을 감고 상상해보자. 여러분은 작은 배를 호수에 띄우고 노를 젓고 있다. 그런데 이상하게 배가 평소보다 물에 더 깊이 잠긴 것 같다. 아침을 조금 많이 먹긴 했지만, 아무리 많이 먹어도 사람의 몸무게는 크게 변하지 않는데….

배의 상태를 관찰하던 중 바닥에 깔린 널빤지 아래에 여러 개의 크고 무거운 돌이 있는 것을 발견했다. 그래서 배가 평소보다 물에 깊이 잠겼던 것이다! 호수 한가운데쯤에서 여러분은 돌을 하나씩 꺼내 물에 넣기 시작했다. 묵직한 돌들이 빠르게 호수 바닥으로 가라앉았다.

배에 있던 돌을 모두 호수에 빠뜨리면 호수의 수위는 어떻게 될까? 수위가 올라갈까? 동일할까? 아니면 내려갈까?

09 더 싼값에 사슬을 장만할 수 있을까?

새뮤얼 로이드Samuel Loyd 는 체스 게임을 무척 좋아했던 사람으로, 1841년부터 1911년까지 살았다. 그는 생전에 재미있는 체스 문제 수천 개를 신문에 연재했고, 그 외에도 많은 퍼즐과 수학 퀴즈를 남겼다.

이 문제 역시 로이드가 고안한 문제다.

여기 5개의 고리로 이루어진 사슬이 6개 있다. 한 농부가 이 6개의 사슬을

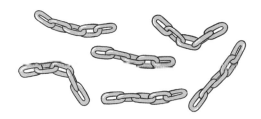

연결해 총 30개의 고리로 이루어진 긴 사슬을 만들고 싶어 한다.

하나의 고리를 끊고 다시 연결하는 데는 25유로가 든다. 상점에서 30개의 고리로 이루어진 긴 사슬을 새로 사려면 140유로를 내야 한다.

이 농부가 긴 사슬을 상점에서 사는 것보다 저렴하게 만들려면 얼마가 필요할까?

정확한 분량의 소스를 만들어라! 쿠킹 하드 3

크기가 서로 다른 컵을 사용해 정확한 부피를 재는 법 또한 클래식 퀴즈에 등장하는 단골손님이다. 심지어 액션 영화 〈다이하드 3〉에도 등장한 적이 있다. 브루스 윌리스가 연기한 영웅 존 맥클레인에게 영화 후반부에 어려운 문제가 주어진다. 그는 5분 내에 정확히 4갤런의 물을 통에 담아 저울 위에 올려야 한다. 그렇지 않으면 폭탄이 터진다.

맥클레인과 그의 파트너 제우스(사무엘 L. 잭슨 분)는 크기가 다른 2개의 물통만을 사용할 수 있다. 하나에는 3갤런, 다른 하나에는 5갤런의 물을 담을 수 있다. 두 사람은 처음에는 어쩔 줄 몰라 하지만 곧 기지를 발휘해 정확히 4갤런의 물을 담는다.

이번 문제도 이와 유사하다. 다행히 우리는 여유롭게 문제를 풀 수 있다. 여러분은 주방에서 소스를 만들고 있다. 소스에는 정확히 0.1L의 물이 들어가야 한다. 그런데 주방에는 계량컵이 없다. 사용할 수 있는 것이라곤 2개의 컵뿐이다. 각각 0.3L와 0.5L가 들어가는 컵이다. 물은 충분히 쓸 수 있다. 과연 소스를 만들 수 있을까?

이것도 풀 수 있을까? 〈다이하드 3〉의 주인공인 존 맥클레인은 어떻게 해서 폭탄을 멈추었을까?

11 내성적인 사람들과 외향적인 사람들이 만나면

이번에는 주방을 떠나서 조금 신기한 식사 자리에 참여하기로 하자.

내성적인 사람들이 모여 만든 단체가 있다. 이들은 매년 12월에 모든 회원이 모이는 성대한 회식 자리를 마련한다. 이때는 이웃 단체인 외사모(외향적인 사람들의 모임) 회원들을 초대하는 전통이 있다. 이 전통의 목적은 내성적인 회원들에게 성격이 반대인 사람들과의 관계를 연습하는 기회를 제공하는 것이다.

식사는 전통적으로 거대한 원형 테이블에 모두 둘러앉은 형태로 진행된다. 모든 참석자는 2명의 다른 참석자와 나란히 앉는다. 다만 외사모 회원의 적극적인 성격 때문에 내성적인 회원은 식사 내내 말을 한마디도 하지 못할 위험이 생긴다. 이런 상황을 방지하기 위해 주최 측은 내성적이든 외향적이

든 모든 참석자의 양옆에 외사모 회원 2명이 동시에 앉지 못하게 하는 규정을 정했다.

올해는 두 단체에서 각각 25명의 회원들이 식사에 참석하게 되었다. 내성적인 회원 하나가 자신이 가진 모든 용기를 짜내어 어렵게 말을 꺼냈다.

"50명이 모두 규정대로 앉는 것은 불가능해요. 최소한 1명은 외향적인 사람들 사이에 껴서 밥을 먹어야 할걸요."

그러자 외사모 회원들이 소리를 질렀다.

"무슨 소리! 당연히 모두 규정대로 앉을 수 있어요!"

자, 과연 어느 쪽의 말이 옳을까?

12 사과와 오렌지는 어느 상자에 있을까?

최근에 대기업들은 신입사원을 뽑을 때 어려운 퍼즐 문제를 풀게 한다. 탁월한 문제 해결 능력을 가진 인재를 선별하려는 것이다. 이번 문제는 미국의 한 유명한 IT기업이 직원을 뽑을 때 출제했다고 알려진 문제다.

문제에는 '사과와 오렌지'가 등장한다. 독일에선 물과 기름처럼 비슷해 보이지만 전혀 다른 두 종류를 말할 때 사과와 배 같다고 표현한다. 그러나 이 문제의 목적은 사과를 오렌지나 배에 비교하려는 것이 아니다. 상자에 든 과일을 정확히 찾아내는 것이다.

여러분 앞에 3개의 상자가 있다. 한 상자에는 사과만 들어 있고, 다른 한 상자에는 오렌지만 들어 있으며, 나머지 한 상자에는 사과와 오렌지가 함께 들어 있다. 상자마다 내용물을 나타내는 라벨이 붙어 있는데, 작업자의 실수로 라벨이 뒤바뀌었고 모든 상자가 내용물과 맞지 않는 라벨을 붙이게 되었다. 여러분은 1개의 상자를 열어서 안을 들여다보지 않고 과일 1개만을 꺼내 볼 수 있다.

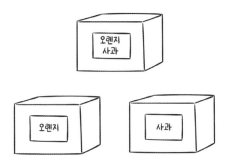

단 하나의 과일만 꺼내 보고 세 상자의 라벨을 바르게 수정하는 것이 가능할까? 어떻게 하면 될까?

퀴즈를 좋아하는 수학자 2명이 만나면 벌어지는 일

이 문제는 내가 특히 좋아하는 문제다. 처음 읽어보면 전혀 풀 수 없을 것 같기 때문이다.

몹시 드문 경우지만, 퀴즈 풀이를 사랑하는 수학자 2명이 한 장소에서 우연히 마주쳤다. 이들은 학회가 열릴 때만 가끔 마주쳤으므로, 이번이 서로의 퀴즈 풀이 실력을 뽐낼 수 있는 좋은 기회였다. 두 사람의 대화를 들어보자.

"자네, 아들이 있다고 했지?"

한 수학자가 물었다.

"맞아, 그리고 그 동안 아들이 2명 더 생겼다네."

다른 수학자가 대답했다.

"쌍둥이가 아니어서 다행이야."

"그럼 지금 자네 아이들이 몇 살인가?"

처음 질문했던 수학자가 물었다.

"아이들의 나이를 모두 곱하면 이번 달을 나타내는 숫자가 되지."

다른 수학자가 대답했다.

"흠, 정보가 너무 부족한데?"

"그렇군."

세 아들을 가진 수학자가 대답했다.

"1년 후에 아이들의 나이를 모두 더하면 다시 이번 달을 나타내는 숫자가 된다네."

수학자의 세 아들은 각각 몇 살일까?

이 점을 주의하자 쌍둥이나 세쌍둥이가 아니라면 아이들의 생일은 먼저 태어난 아이의 생일과 열두 달 이상 차이난다.

14 ▷ 4명의 여행자와 낡은 구름다리

농부의 딜레마 문제를 아는가? 농부는 나룻배를 타고 늑대와 양과 양배추를 강 저편으로 옮겨야 한다. 그러나 나룻배가 너무 작아서 늑대와 양과 양배추 중에서 한 번에 하나씩만 옮길 수 있다. 문제는 농부가 자리를 비우면 늑대는 양을 잡아먹고, 양은 양배추를 먹어치운다는 점이다. 어떻게 해야 농부는 두 동물과 양배추를 안전하게 강 저편으로 옮길 수 있을까?

늑대와 양과 양배추 문제는 그래도 비교적 쉽게 해결할 수 있다. 이번 문제에선 더 까다로운 상황이 등장한다.

4명의 여행자가 강 대신에 까마득한 낭떠러지 사이에 걸린 구름다리를 재빨리 건너가야 한다. 낭떠러지 반대편에서 출발하는 버스가 정확히 60분 뒤에 출발하기 때문이다.

구름다리는 낡고 출렁거린다. 게다가 해가 져서 사방이 어두워졌다. 구름

다리는 한 번에 최대 두 사람까지만 건널 수 있는데, 네 사람이 가진 손전등은 1개뿐이며 그마저도 작아서 최대한 비추어보았자 발밑만 보인다. 따라서 다리를 건너는 사람이 반드시 직접 손전등을 들고 건너야 한다.

그게 다가 아니다. 4명의 여행자는 체력과 상태가 전부 다르다. 첫 번째 사람은 건너편까지 건너가는 데 5분이 걸리고, 두 번째 사람은 10분, 세 번째 사람은 20분, 마지막 사람은 25분이나 걸린다.

과연 4명 모두 버스를 놓치지 않고 탈 수 있을까? 어떻게 하면 될까?

제2장

창의적 문제

우리를 시험에 들게 하는
더 정교하고 치밀한 문제

15 이리 뛰고 저리 뛰고…
벨로는 얼마나 달렸을까?

이번에는 귀여운 강아지와 산책을 나가 보자.

벨로는 남자 주인도, 여자 주인도 무척 좋아한다. 그래서 남자 주인이 보이면 정신없이 뛰어갔다가 여자 주인이 보이면 다시 신나게 뛰어온다. 두 주인이 서로 떨어져 있으면 벨로는 두 사람 사이를 쉬지 않고 오간다.

어느 화창한 봄날, 남자가 벨로와 함께 집을 나섰다. 일을 마치고 자전거를 타고 돌아오는 여자를 마중하기 위해서다. 여자는 직장에서, 남자와 벨로는 집에서 같은 시각에 각각 출발한다. 벨로는 집에서 여자의 회사까지 가는 공원길을 아주 잘 알고 있으며 여자 주인이 집으로 오고 있다는 것도 알고 있다. 집에서 여자의 직장까지 거리는 10km다. 벨로는 집 문을 나서자마자 쏜살같이 여자에게 달려갔다.

벨로가 뛰는 속도는 20km/h다. 남자가 걷는 속도는 5km/h이며, 여자가 자전거를 타고 이동하는 속도는 15km/h다.

마침내 자전거를 타고 집으로 돌아가는 여자에게 도착하자마자 벨로는 몸을 돌려 남자에게 뛰어갔다. 남자와 만나자마자 이번에는 다시 여자에게 뛰어갔다. 남자와 여자를 오가며 뛰는 벨로의 달리기는 두 사람이 만날 때까지 계속되었다.

벨로가 열심히 두 사람을 오가며 달린 거리는 총 몇 km일까? 계산을 쉽게 하기 위해 벨로의 속도는 항상 20km/h이며 조금도 멈추지 않는다고 가정하자.

16 ▷ 꼬리에 깡통을 매달고 여행하는 초능력 고양이

엄청난 에너지를 가진 강아지를 만나 봤으니 이번에는 초능력을 가진 고양이를 만나 보자.

녀석은 노르웨이 북부 도시인 트롬쇠에서 오슬로까지 가고 싶어 한다. 두 도시간의 거리는 무려 1,800km지만 이 고양이는 조금도 걱정하지 않는다. 순식간에 빠른 속도로 달려갈 수 있기 때문이다.

빨리 달리기를 좋아하는 녀석은 자기 꼬리에 끈으로 깡통을 매달았다. 한 번 점프할 때마다 깡통은 바닥을 치면서 요란한 소리를 낸다.

깡통 소리가 들리는 순간 고양이는 신이 나서 속도를 2배로 낸다. 고양이가 한 번 도약할 때 뛰는 거리는 1m다. 녀석이 아무리 빨리 달려도 한 번에 뛰는 거리는 변하지 않는다. 고양이가 순간적으로 2배의 속도를 내는 것을 제외하고는 다른 모든 것은 물리 법칙을 따른다.

이 고양이가 오전 9시에 15km/h의 속도로 오슬로를 향해 출발한다면, 목적지에 도착하는 시간은 언제일까?

이어지는 숫자에서
빠진 숫자는 무엇일까?

숫자들이 줄지어 등장하고 여러분은 바로 다음에 이어서 나올 숫자를 생각해내야 한다. 이런 문제는 지적 능력 평가에 거의 항상 등장한다. 우리가 이번에 만날 문제도 분석력과 창의력을 발휘해야 풀 수 있는 문제다.

다음 표에 한 칸이 비어 있다. 빠진 숫자는 무엇일까?

53	126	37
83	175	29
37	711	44
19	?	83

18 　머리카락 개수가 똑같은 베를린 사람

독일의 수도 베를린에는 370만 명의 사람이 살고 있다. 어마어마하게 많은 사람들 중에 머리카락 개수가 완전히 똑같은 사람이 적어도 2명 존재함을 증명할 수 있을까?

19 어떤 스위치를 눌러야 원하는 조명이 켜질까?

여러분이 어느 건물 지하실에 혼자 있다고 가정해보자. 여러분을 제외하면 건물에는 사람이 1명도 없다. 지하실 벽에는 스위치가 3개 달렸고, 모두 '꺼짐' 상태다. 이 스위치를 이용해 건물 1층의 조명을 켜고 끌 수 있다. 하지만 어떤 스위치가 어느 조명에 연결됐는지 알 수 있는 단서는 전혀 없다.

지하실에서는 1층의 어느 조명에 불이 들어오는지 눈으로 확인할 수가 없고, 1층의 조명을 확인하기 위해서는 단 한 번만 올라갔다 내려올 수 있다. 어느 스위치가 어느 조명과 연결되었는지 알아내려면 어떻게 해야 할까?

20 지금까지와는 조금 다른 분수 계산법

우리는 모두 학교에서 분수 계산법을 배우지만, 솔직히 나도 그 방법이 그다지 유용하다고 생각해본 적이 없다. 그러나 다른 수학 문제와 마찬가지로 분수를 계산할 때도 문제를 쉽게 푸는 기발한 방법이 있으며, 이 방법을 사용하면 문제풀이가 정말 재미있어진다. 이번에 만날 문제가 바로 그런 좋은 예다.

아래와 같이 분모가 전부 다른 999개 분수의 합을 구하라. 할 수 있겠는가?

$$x = \frac{1}{1 \times 2} + \frac{1}{2 \times 3} + \frac{1}{3 \times 4} + \cdots + \frac{1}{998 \times 999} + \frac{1}{999 \times 1000}$$

계산기나 엑셀 등 계산 도구를 이용하지 않고 답을 구해야 한다!

21 도둑에게서 택배를 지키는 방법은?

앞 문제를 여러분이 쉽게 풀었길 바란다. 왜냐하면 이번에 만날 문제는 꽤 어렵기 때문이다.

허버트는 안젤리카와 사랑에 빠졌다. 두 사람은 2,000km나 떨어진 곳에 살고 있지만 매일 문자와 메신저로 대화를 나눈다. 최근에 허버트는 안젤리카에게 줄 아름다운 다이아몬드 반지를 구입했다. 허버트는 이 반지를 택배로 전달할 생각이다.

그런데 안타깝게도 도둑 몇 명이 배송업체에 직원으로 취직해서 몰래 귀중품을 훔치는 일이 생겼다. 이들은 모든 택배를 하나씩 열어보고 가치 있는 물건이 있으면 빼돌렸다. 열쇠도 훔쳤다. 나중에 자물쇠가 달린 택배가 오면 사용할 수 있기 때문일까? 다행히 도둑들은 잠가놓은 택배의 자물쇠를 부술 정도로 대담하진 않았다.

그래서 허버트는 열쇠로 열어야 하는 자물쇠가 달린 상자를 구입했다. 안겔리카의 집에도 자물쇠가 달린 똑같은 상자가 있었다. 문제는 두 사람의 상자에 달린 자물쇠는 각자의 열쇠로만 열 수 있다는 사실이다. 즉, 허버트의 상자는 허버트에게 있는 열쇠로만 열 수 있고, 안겔리카의 상자는 안겔리카에게 있는 열쇠로만 열 수 있다.

과연 허버트는 도둑맞지 않고 다이아몬드 반지를 안겔리카에게 선물할 수 있을까? 어떻게 하면 안전하게 보낼 수 있을까?

어떤 상황에서도 절대 움직일 수 없는 나이트

체스 게임의 말 중에서 나이트Knight 는 다른 말을 뛰어넘을 수 있는 특별한 말이다. 가장 강력한 공격용 말인 퀸도 다른 말을 뛰어넘지는 못한다. 그러나 체스의 규칙을 잘 아는 것과 이제부터 우리가 풀 문제는 큰 관계가 없다.

8×8칸짜리 체스판 위에는 최대 몇 개의 나이트를 세울 수 있을까? 이때 각각의 나이트는 다른 나이트를 공격할 수 없는 위치에 서 있어야 한다. 만약 세울 수 있는 최대의 수를 찾았다면 그 수를 넘는 개수의 나이트는 세울 수 없다는 사실을 증명하라!

이 점을 주의하자
체스판 한 칸에는 단 1개의 말만 올라갈 수 있다. 체스 게임을 잘 모르는 독자를 위해 간단하게 설명하자면, 나이트는 직선으로 한

칸 이동한 뒤 대각선으로 한 칸 이동한다. 나이트는 자신이 최종
으로 도착하는 칸에 있는 말만 공격할 수 있다. 중간에 뛰어넘는
말은 공격 대상이 아니다.

23 > 더 느려야 이긴다. 어떻게 해야 할까?

나이트 문제를 잘 해결했길 바란다! 이번에는 더 많은 유산을 차지하려고 경쟁하는 두 젊은이에게 도움을 줄 수 있는 문제를 준비했다.

어떤 왕이 자신의 전 재산을 두 아들 중 한 사람에게 모두 물려주기로 했다. 그는 더 느린 말을 가진 왕자에게 왕국의 모든 유산을 상속하겠다는 유언을 남겼다. 왕은 두 왕자가 경쟁할 경주 코스도 정해두었다. 성에서 다리를 지나 도시까지 갔다가 다시 돌아오는 경로였다.

이제 왕자들은 각자의 말에 올라 가능한 한 느리게 가야 하는 경주를 시작했다. 어쩌다 말이 조금 빨리 걷는다 싶으면 말을 멈춰 세웠고, 다른 왕자 역시 말을 멈추었다. 그들은 시작한 지 한참이 지나도록 출발 지점에서 1m도 가지 못했다. 이렇게 하다가는 경주가 영영 끝나지 않을 것이 분명했다.

지혜로운 노인이 우연히 지나가다가 서 있는 말 위에 절망스럽게 앉아 있는 두 왕자를 보았다. 현자가 물었다.

"무슨 일이 있습니까? 왜 두 분은 성 앞에 말을 세우고 이렇게 서 있습니까?"

두 젊은이는 현자에게 상황을 설명하고 이제 어떻게 해야 할지 모르겠다고 이야기했다.

노인은 왕자들에게 말에서 내려 성 앞의 벤치에서 잠시 쉬자고 청했다. 그가 짧은 이야기를 마치자 왕자들은 갑자기 벌떡 일어나 말에 올라타더니 전속력을 다해 도시로 달려가기 시작했다. 그러고는 10분도 되지 않아 성으로 돌아왔고 상속자가 결정되었다.

현자가 형제들에게 들려준 이야기는 무엇이었을까?

24 문제를 척척 해결하는 똑똑한 논리 난쟁이들

자신의 모자 색을 볼 수 없고 서로 이야기도 나눌 수 없는 난쟁이들이 어떻게 하면 모자 색대로 모여 설 수 있을까? 이것이 이번에 여러분이 해결해야 하는 문제 내용이다.

아주 어둡고 컴컴한 동굴에 논리 난쟁이들이 살고 있다. 난쟁이들이 총 몇 명인지는 아무도 모르고, 모두 흰색 또는 검은색 모자를 쓰고 있다.

1년에 단 한 번, 난쟁이들이 동굴 밖으로 나올 수 있는 기회가 있다. 밖에 나온 난쟁이들에겐 문제가 주어지는데, 이 문제를 풀면 자유롭게 밖에서 살 수 있지만 해결하지 못하면 다시 1년 동안 암흑 속에서 지내야 한다.

올해의 문제는 모든 난쟁이가 나란히 한 줄로 서되 한쪽에는 흰색 모자를 쓴 난쟁이들만, 다른 쪽에는 검은색 모자를 쓴 난쟁이들만 서라는 것이었다.

안타깝게도 난쟁이들은 자신이 무슨 색 모자를 쓰고 있는지 볼 수 없었다. 또한 난쟁이들끼리는 서로 대화할 수 없으며 눈짓이나 손짓 등 어떤 방식으로든 서로의 모자 색을 알려줄 수 없었다. 거울과 같은 특별한 도구를 사용하는 것 역시 금지되었다.

하지만 똑똑한 머리를 마음껏 활용하는 것은 허용되었다. 그리고 마침내 그들은 모자 색깔별로 나누어 서는 데 성공했다. 어떻게 했을까?

25 ▷ 11g의 구슬이 들어간 상자를 찾아라!

클래식 퀴즈를 모아놓은 앞 장에서 여러분은 단 한 번만 저울을 사용해 5g씩 더 무겁게 측정된 초콜릿 세트를 찾아내야 했다. 그때는 10개의 초콜릿 세트 중 한 세트의 초콜릿 바가 모두 5g씩 더 나간다는 사실을 미리 알고 문제를 풀 수 있었다. 이번 문제는 앞서 풀어본 문제와 비슷하나 조금 더 난이도가 있다.

창고에 작은 금속 구슬이 가득 담긴 상자 5개가 있다. 금속 구슬 하나의 무게는 정확히 10g이다. 그런데 생산 과정상의 실수로 하나 이상의 상자에 담긴 금속 구슬이 11g으로 제작되었다. 즉, 해당 상자들에 담긴 모든 구슬이 1g씩 더 나가게 된 것이다.

여러분은 11g 구슬이 든 상자를 찾아야 한다. 단, 정확하게 측정이 가능한 디지털 저울은 딱 한 번만 사용할 수 있고, 모든 상자에서 구슬은 원하는 만큼 꺼내어 올려놓을 수 있다. 어떻게 하면 더 무거운 구슬이 담긴 상자를 구별할 수 있을까?

제3장

논리력 문제

누가 진실을 말하고 있을까?

26 ▷ 도둑맞은 그림 한 점, 과연 누가 도둑일까?

모든 사람이 진실만을 말한다면 인생이 더 쉬워질까? 심리학자들의 대답은 긍정적이지 않다. 그들은 거짓말이 사회를 연결하는 일종의 접착제라고 설명한다. 정말이다. 항상 현실의 적나라한 민낯만을 보고 싶어하는 사람은 없다. 대부분의 사람은 오히려 보기 좋게 포장되고 적당히 감춰진 매력적인 허상을 보길 원한다.

논리 문제를 좋아하는 사람들의 눈에도 거짓말이 매력적으로 보인다. 거짓말은 흥미로운 수수께끼를 구성하는 핵심 요소이기 때문이다. 이번에는 그런 수수께끼를 만나 보자.

미술관에서 아주 귀중한 미술품 한 점이 사라졌다. CCTV에는 누군가 전시품을 훔치는 영상이 흐릿하게 찍혔다. 도둑은 단독으로 행동한 것 같다.

경찰은 4명의 용의자를 붙잡아 조사 중이다. 이들 중 1명은 진실을 말하고 나머지 3명은 거짓말을 하고 있었다. 그들은 다음과 같이 말했다.

A) 저는 미술품을 훔치지 않았습니다.

B) A는 거짓말을 하고 있습니다!

C) B가 거짓말을 하고 있습니다!

D) B가 미술품을 훔쳤습니다.

거짓말을 하고 있는 3명을 찾아라! 이들 중 누가 미술품을 훔쳤는지 알겠는가?

계속해서 진실을 숨기고 싶어 하는 사람들과 함께해보자. 앞서 풀어본 문제
에서는 거짓말하는 사람의 숫자를 미리 알고 있었다. 이번 문제는 난이도를
조금 더 높였다.

여기 평범하지 않은 네 사람이 있다. 이들의 말을 한마디씩 들어보자.

첫 번째 사람) 우리 중 한 사람은 거짓말쟁이이다.
두 번째 사람) 우리 중 두 사람이 거짓말을 하고 있다.
세 번째 사람) 우리 중 세 사람이 거짓말을 하고 있다.
네 번째 사람) 우리 모두가 거짓말을 하고 있다.

진실을 말하는 사람은 누구이며, 거짓을 말하는 사람은 누구인가? 단, 처음부터 거짓말을 한 사람은 끝까지 일관되게 거짓말을 하며, 진실을 말한 사람은 거짓말을 하지 않는다.

논리학자 세 사람이 술집에 간다면

극단적으로 하구열이 높은 사람들 중에는 이상한 사람이 종종 있다. 어떤 술집에서 일하는 점원도 그렇게 생각했다.

이 문제에 등장하는 3명의 주인공은 유명한 논리학자들이다. 이들은 예의 바른 태도로 이상하지만 논리적인 농담을 서로에게 끊임없이 던진다.

3명의 논리학자가 하루 일과를 마치고 피로를 풀기 위해 간단히 한잔하기로 하고 어느 술집에 들어갔다. 점원은 이 유명인사들을 바로 알아보고는 '술과 어울리지 않는 사람들이군'이라고 생각했다.

그는 논리학자 일행에게 인사하며 무엇을 마실지 물었다.

"세 분 모두 맥주로 드릴까요?"

이들의 대답은 점원을 당황시켰다.

"저는 모르겠네요."

첫 번째 학자가 대답했다.

"알 수 없어요."

두 번째 사람이 말했다.

마지막으로 세 번째 학자가 매우 즐거운 표정으로 대답했다.

"네!"

점원은 어리둥절한 표정으로 손님들을 바라보았다. 그는 이들에게 맥주 몇 잔을 가져다주어야 할까?

29 이상한 마을에 있는 4개의 축구팀

이상한 마을을 하나 소개한다. 이 마을 주민들은 상습적인 거짓말쟁이이거나 거짓말을 전혀 못하거나 둘 중 하나다. 또한 1명도 빠짐없이 마을에 있는 4개의 축구팀 A, B, C, D 중 한 곳에 소속돼 있다.

어느 설문 조사 기관에서 총 250명인 마을 주민들을 대상으로 다음 네 가지 설문조사를 실시했다.

1) 당신은 A팀에 소속돼 있습니까?

2) 당신은 B팀에 소속돼 있습니까?

3) 당신은 C팀에 소속돼 있습니까?

4) 당신은 D팀에 소속돼 있습니까?

첫 번째 질문에 90명이 그렇다고 대답했고, 두 번째 질문에는 100명이 그렇다고 대답했다. 세 번째와 네 번째 질문에는 각각 80명이 그렇다고 대답했다.

그렇다면 이 마을에 사는 거짓말쟁이는 몇 명일까?

30 〉 저녁 식사 자리에 모인 거짓말쟁이들

타원형의 테이블에 여러 명의 사람들이 앉아 있다. 이들 중 일부는 거짓말쟁이이고, 나머지는 항상 진실만을 말한다. 테이블에 앉은 모든 사람은 각각 자신의 양옆에 앉은 사람들이 거짓말쟁이라고 주장하고 있다.

테이블에 앉은 한 사람이 말했다.

"우리는 모두 11명이에요."

그러자 테이블에 앉은 다른 사람이 웃음을 터뜨리며 크게 말했다.

"저 사람이 거짓말을 하고 있어요. 우리는 10명이거든요!"

테이블에 앉은 사람은 모두 몇 명일까? 또한 이들 중 거짓말쟁이는 몇 명일까?

31 외딴섬에 사는 거짓말쟁이 종족

계속해서 매력 넘치는 고전 문제를 하나 만나 보자. 지금까지 경우의 수를 진실의 표에 작성하며 논리 문제를 푼 방법을 이 문제에서는 사용할 수가 없다. 드디어 여러분의 창의력을 마음껏 발휘할 때가 되었다!

두 종족이 사는 섬이 있다. 한 종족은 항상 진실을 말하며, 다른 종족은 항상 거짓을 말한다. 두 종족은 외모나 차림에 전혀 차이가 없기 때문에 겉모습만 보아서는 누가 어느 종족인지 알 수가 없다.

이제 이 섬에 있는 성을 찾아가야 하는데, 도중에 만난 갈림길에서 2개의 이정표를 만났다. 이정표에는 둘 다 '성'이 표시돼 있었으나 공교롭게도 서로 다른 방향을 가리키고 있었다. 하나의 이정표에 누군가 장난을 친 것이 분명했다. 예전에 이 섬에 와본 사람에게서 성으로 가는 길이 하나뿐이라는 사실을 들었기 때문이다.

다행히 갈림길 앞에 어떤 남자가 앉아 있다. 그는 섬사람이고 어느 종족인지 알 수 없지만 길을 물어보면 대답할 것이다. 이 남자에게 단 하나의 질문을 해 성으로 가는 길을 알아내야 한다. 어떤 질문을 던져야 원하는 답을 얻을 수 있을까?

이 문제가 어려운 이유는 거짓말하는 종족과 진실을 말하는 종족이 거의 모든 질문에 반대되는 대답을 하기 때문이다. 또한 우리는 이 남자가 어느 종족인지 모르기 때문에 단순한 질문으로는 원하는 목적지에 도착하지 못할 가능성이 크다.

어느 종족이든 똑같이 대답할 수밖에 없는 질문을 생각해보라. 그런 질문이 존재한다!

우선 남자에게 이런 질문을 던져볼 수 있다.

"1 더하기 1은 무엇입니까?"

남자의 대답에서 우리는 이 남자가 정직한 종족인지 거짓말하는 종족인지 알 수 있다. 거짓말하는 종족은 절대 "2."라고 대답하지 않을 테니까. 그런 다음에는 마음 놓고 길을 물어볼 수 있다. 첫 번째 질문에서 남자의 대답을 어떻게 이해하면 될지 알게 되었기 때문이다. 거짓말하는 종족은 잘못된 길을 가르쳐주겠지만 우리는 그 대답을 듣고 맞는 방향으로 가면 된다.

하지만 이 문제는 이렇게 풀 수 없다. 질문할 기회가 두 번이면 참 좋겠지만 우리에게 허락된 기회는 단 한 번뿐이다.

32 1명의 여행자, 2개의 질문, 그리고 세 유령

갈림길에서 옳은 질문을 찾는 문제는 꽤 어려웠다. 대답하는 사람의 입에서 거짓이 나올지 진실이 나올지 몰랐기 때문이다.

이번에는 문제의 난이도를 더욱 높여보자. 앞서 등장한 주인공들이 항상 거짓이나 진실만을 말했다면 이번에 만날 존재는 가끔 거짓말을 하기 때문이다.

한 여행자가 숙소를 찾고 있다. 그가 갈림길에 섰을 때는 이미 늦은 시간이라 주변이 어두웠다. 갈림길에는 그를 맞이하는 세 유령이 있었다. 이 유령들은 각자 고유한 특징대로 말을 한다. 낮의 유령은 항상 진실을 말하고, 밤의 유령은 항상 거짓을 말한다. 그리고 어스름의 유령은 변덕스러워서 때로는 진실을 말하고 때로는 거짓을 말한다.

세 유령의 모습은 모두 똑같아서 어느 유령이 어느 시간을 나타내는지 알 수 없다. 여행자는 유령들에게 2개의 질문만을 던질 수 있는데, 두 질문을 한 유령에게 모두 하거나 1개씩 두 유령에게 던질 수 있다.

여행자가 숙소로 가는 길을 잘 찾으려면 어떻게 해야 할까?

여행자가 세 유령 중 어느 유령에게 먼저 질문해야 하는지는 크게 중요하지 않다. 어차피 모두 똑같이 생겼으므로 여행자는 세 유령이 각각 어떤 유형인지 알 수 없다.

여행자는 두 번의 질문을 할 수 있기 때문에 첫 번째 질문에 대한 대답으로 세 유령 중 어느 유령에게 두 번째 질문을 할지 결정할 수 있다.

따라서 여행자는 첫 번째 질문을 토대로 두 번째 질문을 어스름의 유령에게 하지 말아야 한다. 어스름의 유령이 예측 불가능한 대답을 하면 길을 찾을 수 없기 때문이다.

중요한 것은 첫 번째 질문으로 세 유령 중 어스름의 유령이 아닌 유령을 알아내는 것이다. 해결의 실마리가 보이는가?

이 점을 주의하자

만약 유령들이 진실 또는 거짓만을 말한다면 앞서 문제 31번에서와 같이 한 번의 질문으로 옳은 길을 찾아낼 수 있을 것이다. 그랬다면 이번에도 역시 거짓말 유령이나 진실 유령이나 동일한 대답을 유도하는 질문을 만들었을 것이다. 예를 들면 "너와 다른 유형

의 유령이라면 나를 어디로 안내할까?" 정도가 되겠다. 낮의 유령
이라면 잘못된 길을 가리킬 것이고 밤의 유령도 잘못된 길을 가리
킬 것이다. 그러면 여행자는 두 유령이 가리키지 않은 올바른 길
을 택해서 걸어갈 수 있다.

하지만 이번 문제에는 어떤 대답을 할지 알 수 없는 어스름의 유
령이 있다. 이 유령의 등장으로 문제가 몹시 어려워졌다! 하지만
질문할 기회가 두 번으로 늘어났으니 이 불확실성을 제거할 기회
가 한 번 존재한다.

단 한 문장으로
곤경에 빠진 현자

아주 똑똑한 논리학자와 모든 지식을 아는 현자가 매일 오후에 함께 차를 마신다. 이들은 만날 때마다 간단한 보드게임을 하거나 내기를 한다.

논리학자는 여러 차례 현자를 궁지에 빠트리려고 시도했지만 이제까지 한 번도 성공하지 못했다. 현자가 모든 지식을 알고 있으며 모든 문제에 항상 진실을 답하기 때문이다.

하지만 어느 날 논리학자에게 굉장한 아이디어가 떠올랐다. 현자에게 "그렇다.", "아니다."라고만 답할 수 있는 특별한 문제를 낼 생각이었다. 아무리 모든 지식을 알고 정직하게 대답하는 현자라도 대답할 수 없는 문제였다.

논리학자가 생각해낸 특별한 문제는 무엇일까?

난파 중에 만난 세 사람 중
누가 거짓말쟁이일까?

배가 난파돼 표류하던 사람이 가까스로 어떤 섬을 발견했다. 이 섬에 사는 사람은 거짓말쟁이이거나 정직한 사람이다. 표류하던 남자는 할 수만 있다면 정직한 사람을 만나고 싶었다. 어떻게 해야 진실을 말해줄 사람을 찾을 수 있을까?

남자는 구명튜브에 몸을 의지한 채 섬에 가까이 다가갔다. 바다가 심하게 출렁거렸고 비까지 내렸다. 날씨 때문에 흐릿하지만 바닷가에 선 세 사람을 볼 수 있었다. 이들 중 누가 거짓말쟁이이고 정직한 사람인지는 알 수 없었다.

남자는 세 형체 중에서 어떤 사람이 정직한 사람인지 알아내기 위해 왼쪽 사람에게 큰 소리로 물었다.

"당신은 어떤 부류의 사람입니까?"

하지만 그의 대답은 바람 소리 때문에 들리지 않았다. 남자는 이번에는 중간에 선 사람에게 소리쳤다.

"아까 저 사람이 뭐라고 대답했는지 말해주세요!"

중간에 선 사람이 말했다.

"저는 정직한 사람입니다."

남자는 마지막으로 오른쪽 형체에게 말을 걸었다.

"당신은 어떤 부류의 사람입니까? 그리고 다른 두 사람은 어떤 부류입니까?"

질문을 들은 형체가 대답했다.

"저는 정직한 사람입니다. 그리고 나머지 두 사람은 거짓말쟁이입니다."

표류하는 남자는 셋 중 누구를 믿어야 할까?

35 〉 3명의 죄수와 모자 5개

동화에선 가끔 착한 요정이 나타나 주인공을 구해준다. 다음에 만나 볼 문제에서는 논리가 세 남자를 구해줄 것이다.

세 남자는 자유롭게 살 수 있다는 희망을 오래전에 포기했다. 이들은 수차례 은행을 털다가 붙잡혀서 종신형을 선고받은 죄수들이다. 그런데 이번에 교도소장이 새로 임명되면서 사면 기회가 생겼다. 이들 중 1명이라도 자신이 쓴 모자 색을 정확히 맞히면 자유를 주겠다는 것이었다.

교도소장은 세 죄수가 모두 똑똑하다는 사실을 알고 있었다. 그는 검은색 모자 2개와 흰색 모자 3개를 가져오게 한 뒤 죄수들이 앞을 보게 하고 뒤쪽에서 모자를 씌웠다. 세 죄수는 자신이 쓴 모자를 볼 수 없지만 다른 죄수가 쓴 모자는 볼 수 있다. 대화는 금지였고, 다른 형태의 의사소통 역시 불가능하다.

이제 교도소장이 세 남자를 불러서 1명씩 순서대로 그들이 쓴 모자 색을 물었다. 질문을 받은 죄수는 자신이 쓴 모자의 색을 말하거나 "모릅니다."라고 대답할 수 있다. 세 죄수 중 1명이라도 모자 색을 정확히 맞히거나 아무도 틀린 답을 말하지 않으면 그들은 교도소에서 풀려날 수 있다. 교도소장은 이들이 맞힐 수 없도록 문제를 복잡하게 만들려고 3명 모두에게 흰색 모자를 씌웠다.

첫 번째 죄수에게 교도소장이 물었다.

"자네가 쓴 모자는 무슨 색인가?"

첫 번째 죄수가 대답했다.

"저는 모릅니다."

두 번째 죄수도 동일하게 대답했다.

"저는 모릅니다."

이제 세 번째 죄수만 남았다. 그는 몇 분간 고민하더니 정답을 내놓았다.

"흰색입니다."

그는 어떻게 모자 색상을 알아냈을까?

36 파산 위기에 놓인 왕국에서 일자리를 유지하는 방법

이느 왕국의 재정이 바닥나게 돼 왕은 자신이 쓰는 돈을 줄이기로 했다. 하지만 호화로운 파티와 거대한 말 사육장은 절대 포기하고 싶지 않았다. 그 외에 절약할 부분을 찾다가 체스 게임을 할 때 조언해주는 논리학자 10명을 해고하기로 했다.

그런데 이들을 성에서 그냥 내보내자니 아쉬운 마음이 들었다. 항상 이들의 날카로운 전략과 논리에 감탄해왔기 때문이다. 그래서 그들에게 좋은 일자리를 유지할 수 있는 기회를 주기로 했다. 논리학자들이 다음 문제를 푸는 조건으로 말이다.

"너희들은 키가 큰 순서대로 한 줄로 서라. 왼쪽부터 오른쪽으로. 모두 키가 가장 작은 논리학자를 바라보고 서서, 절대로 고개를 돌리거나 줄밖으로 한 발자국도 나오지 마라. 그런 다음 내가 너희에게 흰색이나 검은색 모자를 씌워주겠다. 너희는 자신의 모자를 보지 못하며, 너희 앞에 선 사람들의 모자만 볼 수 있다. 자, 오른쪽의 가장 키가 큰 사람부터 자신이 쓴 모자 색을 말해야 한다. 너희가 말할 수 있는 단어는 흰색 또는 검은색 두 가지뿐이다."

10명의 논리학자들은 당황한 채 서 있었다. 이제 어떻게 해야 할까?

"너희에게 서로 의논할 수 있는 시간을 5분만 주겠다. 그런 다음에는 아까 말한 대로 줄을 서서 모자를 쓰게 될 것이다. 10명 중에서 적어도 9명이 자신의 모자 색상을 맞히면 너희가 계속해서 이 성에서 일할 수 있게 해주겠다."

10명의 논리학자는 서로 이야기를 나누었다. 그리고 3분도 되지 않아 준비가 되었다고 말했다. 실제로 이들은 모자 색상을 척척 맞히고 계속 일할 수 있게 되었다. 논리학자들은 어떻게 문제를 풀었을까?

37 스머프들이 풀려나려면 어떻게 해야 할까?

약 50년 전, 벨기에의 화가 피에르 컬리포드 Pierre Culliford 는 파란 난쟁이인 스머프를 창조했다. 스머프 애니메이션 시리즈에서 아주 중요한 역할을 맡고 있는 악한 마법사 가가멜은 항상 스머프들을 잡아서 해칠 생각을 한다. 이번 문제의 주인공들은 마법사 가가멜과 100마리의 스머프다.

이 문제는 내 퀴즈 칼럼의 독자인 학교 선생님이 보내온 것이다.

"많은 학생이 이 문제를 풀지 못하고 포기했지만 몇몇 영리한 학생들은 문제 풀이에 성공했습니다. 물론 금방 풀진 못했어요."

선생님이 낸 문제는 다음과 같다.

가가멜이 스머프 100마리를 잡았다. 그는 모든 스머프를 한 마리씩 작은 감방에 가두어서 서로 대화할 수 없게 했다. 첫날 가가멜은 모든 포로 스머프를 커다란 강당에 모이게 했다. 강당 천정에는 전구가 1개 달려 있었다.

"이 감옥에 들어온 이상 아무도 나가지 못한다."

가가멜이 스머프들에게 말했다.

"하지만 너희에게 자유를 얻을 수 있는 기회를 한 번 주겠다. 내일부터 매일 너희 중 하나를 무작위로 뽑아서 이 강당으로 데려오겠다. 뽑힌 스머프는 강당 전구 스위치를 한 번 조작할 수 있다. 즉, 전구를 켜거나 끌 수 있다. 하지만 다른 행동은 아무것도 할 수 없다. 그런 다음 그 스머프는 자기 감방으로 돌아가야 한다."

잡힌 스머프들은 당황해 서로의 얼굴을 쳐다보았다. 가가멜은 무엇을 원하는 걸까? 마법사가 계속 말했다.

"그러다가 어느 날 너희 중 하나가 강당에 와서 모든 스머프가 적어도 한 번씩 강당에 다녀갔다는 사실을 발견하고 내게 말하면 너희를 모두 풀어주겠다. 하지만 혹시라도 그 스머프가 착각하면 너희 모두를 죽이겠다!"

이제 스머프들은 더 당황했다. 어떻게 그런 일이 성공할 수 있을까? 가가멜이 말했다.

"지금부터 1시간 동안 너희가 서로 이야기할 수 있는 시간을 주겠다. 강당 전구는 전기가 들어오게 해두었다. 정확히 1시간 후에 감방으로 돌아가고 나면 너희 친구들을 두 번 다신 볼 수 없을 거야!"

다행히 스머프들은 가가멜이 생각하는 것보다 더 똑똑했다. 그들은 자유를 얻을 수 있는 전략을 생각해냈다. 어떤 전략일까?

제4장

선으로 이루어진 문제

무엇이든 입체적으로 보는
눈이 필요하다!

38 1개의 정사각형으로 2개의 정사각형 만들기

두 형제가 한때 할아버지의 소유였던 아름답게 조각된 커다란 정사각형 나무판을 공동으로 상속받았다. 형제는 둘 다 그 판을 자기 집에 장식하고 싶어했다. 하지만 그건 불가능했다. 혹시 기술 좋게 나무판을 자르면 둘 다 원하는 대로 가질 수 있지 않을까?

나무판에는 화려한 색상의 작은 정사각형이 가로세로 5개씩 붙어 있으며 각각의 정사각형 중앙에는 꽃 그림이 그려져 있다. 가장 좋은 것은 가능한 한 적게 자르고 2개의 새로운 정사각형 나무판을 만들어내는 것이다. 25개의 작은 정사각형을 망가뜨리지 않으려면 선을 따라 톱으로 잘라내 정사각형끼리 분리해야 한다.

형제는 이 문제를 해결하려면 크기가 서로 다른 2개의 정사각형 나무판을 만드는 방법밖에 없다는 사실을 알고 있다. 그래야 모든 정사각형 조각을 사용할 수 있기 때문이다. 첫 번째 나무판에는 9개의 조각(3×3), 두 번째 나무판에는 16개의 조각(4×4)이 들어가야 한다. 그래야 조각의 합계가 25개(5×5)가 된다.

톱으로 이 나무판을 가능한 한 적게 잘라서 2개의 아름다운 나무판을 만들어라. 단, 타일에 그려진 꽃 그림이 새로운 두 나무판에서도 똑바로 선 모습이어야 한다.

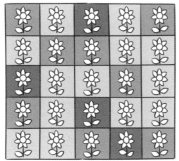 

원기둥을 감고 있는 빈틈없는 나선의 길이는?

길고 좁은 원기둥에 선이 그어져 있다. 원기둥의 길이는 10cm이고 원의 지름은 1cm이다. 선은 나선처럼 위에서 아래로 계속 이어지는데 원기둥의 한쪽 끝에서 시작돼 아래로 이어지다가 시작 지점과 직선상으로 동일한 지점에서 끝난다. 즉, 나선의 양끝은 서로 10cm의 직선거리를 두고 떨어져 있다. 나선은 일정한 각도로 이어지며 기둥을 정확히 다섯 번 휘감는다.

나선의 길이는 몇 cm일까?

원은 열린 도형일까, 닫힌 도형일까?

이번 문제는 일본의 퍼즐 전문가 후지무라 고자부로_{藤村幸三郎}가 만든 것이다.

아래 그림은 원의 1/4조각을 나타낸 것이다. 조각 안에는 2개의 반원이 그려져 있고, 반원의 지름은 1/4 원의 반지름과 동일하다. 반원 2개의 곡선 이 겹치면서 2개의 닫힌 공간이 생긴다. 그림에서 어두운 회색과 밝은 회색 으로 표시했다. 어두운 회색 부분과 밝은 회색 부분의 면적이 동일하다는 것 을 증명하라.

41 〉끝없이 이어진 복도 위에 타일을 붙이자

삼각형과 육각형으로 얼마나 아름디운 무늬를 만들 수 있는지 알아보자! 여러분은 끝없이 이어지는 복도에 서 있다. 복도 바닥에는 같은 무늬의 타일이 깔려 있다.

　삼각형은 검은색 정삼각형으로 모두 같은 크기이고, 육각형은 흰색 정육각형으로 역시 모두 같은 크기이다. 삼각형 한 변의 길이는 정확히 육각형 한

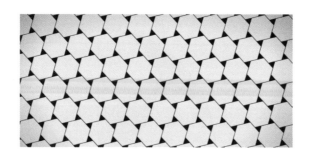

변의 길이의 절반이다. 앞의 그림을 참고하라.

이렇게 타일이 깔린 바닥을 위에서 바라본다면, 전체 면적 중에서 검은색이 차지하는 비율은 얼마일까?

이 점을 주의하자   계산을 단순하게 하기 위해 타일 사이 줄눈의 폭은 0 이라고 가정한다.

42 〉 산술과 기하학을 이용해 반원의 반지름 구하기

이번 문제에도 산술과 기하학이 동시에 등장한다. 하지만 일반적으로 학교 수학 시험에 등장하는 문제들과는 차이가 있다. 산술 수준이 초등학교 저학년 수준이기 때문이다. 이 문제를 풀기 위해 필요한 것은 수학 실력보다 예리한 통찰력이다.

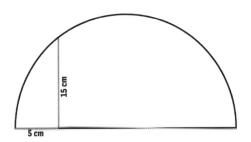

여기 반원이 하나 있다. 우리는 반원의 반지름이 몇인지는 알 수 없다. 반

원의 지름 위로 왼쪽부터 5cm 길이의 선(회색선)을 그었다. 이 선의 끝부분부터 반원을 가로질러 수직으로 다시 선을 그어 두 번째 선을 표시했다. 지름부터 반원의 원호까지 이어지는 이 선의 길이는 15cm다.

그러면 이 반원의 반지름은 얼마일까? 자와 같은 측정 도구는 사용할 수 없다.

43 ▷ 농부와 나무 한 그루, 삼각형 목장

유산을 둘러싼 다툼은 흔히 있는 일이다. 하지만 기하학적 지식이 있다면 유산 분배를 보다 평화롭게 처리할 수 있다.

한 농부가 두 자녀에게 커다란 목장을 상속하고 싶어 한다. 농부의 딸과 아들은 목장의 삼각형 땅을 정확히 반으로 나누어 받기 원한다.

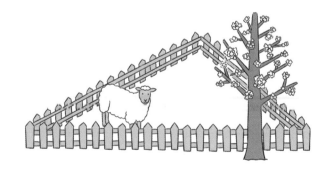

그런데 한 가지 문제가 있다. 목장의 변두리에 오래된 벚나무가 그것이다. 자녀들은 어릴 때 나무에 올라가 놀았던 기억 덕분에 그 나무를 몹시 좋아했다. 그렇다 보니 두 사람 모두 벚나무가 속한 쪽의 목장을 원했다.

갈등을 없애기 위해 농부는 다음과 같은 결정을 내렸다. 아들과 딸에게 목장을 정확히 반으로 나누어 주되 벚나무가 두 땅의 경계선에 위치하도록 땅을 나눈다. 그래서 앞으로도 벚나무가 두 사람의 공동 소유가 되게 한다.

아래 그림은 나무의 위치를 표시한 것이다. 삼각형 ABC는 목장의 면적을 나타낸다. 벚나무의 위치는 삼각형의 BC선 위의 X지점으로 표시한다.

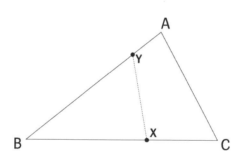

어떻게 하면 AB선 위의 Y지점을 찾아 삼각형의 면적을 정확히 절반으로 나누는 XY선을 그을 수 있을까?

삼각형 대지의 각 변의 길이를 안다면 당연히 계산하기가 더 쉬울 것이다. 하지만 우리는 삼각형과 선의 길이를 모르는 채로 오로지 연필과 자, 삼각형과 컴퍼스만으로 Y지점을 찾아야 한다.

44 삼각형과 사각형, 2개의 피라미드 만들기

아주 논란이 많았던 시험 문제를 하나 소개한다. 1980년 10월에 수백만 명의 미국 고등학생들이 응시한 예비학업적성검사 PSAT preliminary scholastic aptitude test 에서 풀었던 문제다.

예나 지금이나 이 시험의 성적은 대학 입학과 장학금 지원 여부에 중요한 평가 자료로 사용된다. 이번 도형 문제는 지금까지 출제된 문제 중에서 손꼽히게 어려운 문제다.

2개의 피라미드가 있다. 하나는 삼각형이 바닥인 피라미드로, 정사면체라고 불리는 4개의 면을 가진 피라미드다.

다른 하나는 사각형 바닥으로 사각형의 각 변에서 이어지는 4개의 삼각형은 모두 정삼각형이다. 따라서 이 피라미드는 면이 총 5개다.

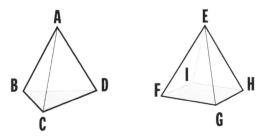

두 피라미드를 이루는 도형의 각 변은 모두 길이가 같다. 따라서 정사면체 피라미드의 삼각형 ABC는 다른 피라미드의 삼각형 EFG와 모양과 크기가 똑같다. 그러므로 두 피라미드를 서로 붙인다면, 두 삼각형의 면은 서로 완전히 포개지게 된다.

두 피라미드를 붙여서 만든 도형의 면은 모두 몇 개일까? 5, 6, 7, 8개일까? 아니면 9개일까?

이제부터는 3차원적인 시고기 필요하다! 아래 그림의 왼쪽 징육면체를 보라. 이어지는 두 면에 각각 대각선이 그어져 있다. 두 직선은 정육면체의 앞쪽 위 귀퉁이에서 서로 만난다.

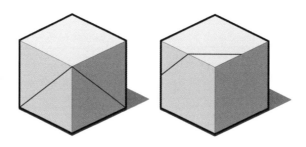

두 직선 사이의 각도는 몇 도일까? 단, 90도는 아니다.

그림의 오른쪽 정육면체에도 서로 연결되는 면에 직선이 그어져

있다. 2개의 직선은 각 면 모서리의 중간 지점을 서로 연결한다.

두 직선은 정육면체의 왼쪽 위 모서리에서 서로 만난다.

두 직선 사이의 각도는 몇 도일까? 역시 이번에도 90도는 아니다!

46 > 반지름이 2인 원반을 덮은 반지름이 1인 원반의 개수는?

빈지름이 2인 커다란 원반을 전부 덮으려먼 반시름이 1인 원반이 최소한 몇 개나 필요할까?

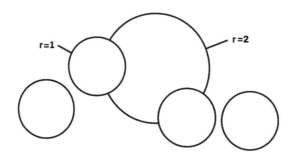

47 정육면체 안에
정확히 들어가는 구

한 모서리의 길이가 a인 정육면체가 있다. 정육면체 안에는 반지름이 a/2인 구가 내접해 있다. 구의 중심점은 정육면체의 중심점과 동일하다. 이 정육면체와 구 사이의 틈에 작은 구가 들어갈 수 있다. 작은 구는 정육면체의 귀퉁이를 이르는 세 면과 커다란 구에 접한다. 이 작은 구의 반지름은 얼마일까?

카펫은 무엇이든 덮어버릴 수 있다. 아무리 지저분한 바닥도 카펫을 깔면 감쪽같다. 이번 문제는 이런 카펫의 장점에 대한 내용이다.

건물 바닥이 망가져 못 쓰게 되었다. 이럴 때는 바닥재를 갈아서 광택을 내거나 아예 뜯어내고 새로 바닥 공사를 할 수도 있다. 그중에서도 가장 비용을 적게 들이는 방법은 카펫을 까는 것이다. 다행히 건물 지하실에 딱 좋은 카펫이 2장 보관돼 있다.

카펫 하나는 크기가 6×6m이고, 다른 하나는 4×1m다. 두 카펫을 이용하면 모두 $36 + 4 = 40$m²의 바닥을 덮을 수 있다. 마침 카펫으로 덮어야 하는 공간의 바닥 면적도 8×5m로 정확히 이와 같았다.

이번에도 문제는 쉽지 않다. 우리에게 허락된 것은 2장 중 1장의 카펫만

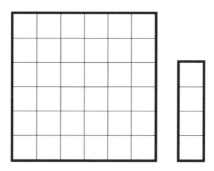

을 골라 칼로 잘라내어 2개로 분리하는 것이다. 카펫을 자를 때는 한 번에 잘라야 하지만, 곡선이나 직각 형태로 자를 수 있다. 카펫을 접거나 말아서 여러 장을 동시에 잘라내는 것은 안 된다.

2장의 카펫 중 1장만을 잘라내어 2개로 만들고, 그렇게 생겨난 3개의 카펫 조각을 이어 붙여서 8×5m의 바닥을 완전히 빈틈없이 덮을 수 있을까?

제5장

숫자로 하는 두뇌게임

당신은 얼마나
숫자와 친해질 수 있을까?

49 · 4인으로 이루어진 가족의 나이 알아맞히기

아버지와 어머니, 그리고 두 딸이 함께 살고 있다. 아버지는 어머니보다 2살이 더 많다. 가족 구성원 4명의 나이를 모두 곱하면 44,950이 된다.

가족 4명의 나이는 각각 어떻게 될까?

이 점을 주의하자
모든 나이는 연 단위, 즉 정수다.

이번 문제는 지능 검사와 취업 적성 검사에 단골로 등장하는 문제다.

여러 숫자가 아래 표를 채우고 있다. 그런데 한 칸에는 물음표가 그려져 있다.

빈칸에 들어갈 숫자는? 물론 이 표에는 규칙이 숨어 있다.

고장 난 계산기로
수학 문제를 풀 수 있을까?

덧셈은 장난을 칠 만한 여지가 전혀 없다. 1+1은 항상 2니까. 다른 답은 존재하지 않는다. 적어도 자연수에 대한 산술 규칙이 올바르게 적용된다는 조건 하에서는 말이다.

하지만 우리가 이번에 만나 볼 문제의 계산기는 조금 다르게 작동한다. 이 계산기는 숫자를 더하려고만 하면 전혀 엉뚱한 결과를 내놓는다. 가령 8+3을 입력하면 계산기는 510이라는 결과를 내놓는다. 아주 심각하게 고장 난 것 같다.

$$8 + 3 = \quad 510$$
$$9 + 1 = \quad 89$$
$$18 + 7 = 1{,}124$$

$$12 + 4 = \quad 815$$
$$6 + 2 = \quad ?$$

어떤 장난기 많은 프로그래머가 계산기가 무작위로 결과를 표시하도록 해놓은 걸까? 어떤 수를 넣어도 덧셈을 하면 잘못된 결과가 무작위로 나오는 것만 같다.

하지만 잘 생각해보자. 혹시 어떤 규칙이 숨어 있진 않을까? 실제로 계산기의 오작동에 일정한 규칙이 있다면 6과 2를 더했을 때 어떤 결과가 나올지 예측할 수 있을 것이다. 계산기의 화면은 어떤 숫자를 표시할까?

45로 나눌 수 있는 수는 몇 가지나 있을까?

어러분 대부분은 자연수에서 약수가 무엇인지 알 것이다. 수학의 조합 문제를 풀 줄 안다면 이번 문제는 여러분에게 너무 쉬울지도 모르겠다.

자연수 중에서 1부터 9까지의 숫자가 각각 하나씩 들어가며 45로 나눌 수 있는 수는 몇 개일까?

나도 암산 천재가
될 수 있을까?

여러분은 아마도 한 번쯤은 머릿속으로 백 자리가 넘는 수의 13제곱근을, 그 것도 단 몇 초 만에 계산해내는 암산 천재에 관해 들어본 적이 있을 것이다.

걱정하지 마라. 여러분에게 그런 계산을 요구하진 않을 것이다. 그 문제에 비하면 이번 문제는 아이들 소꿉장난 같다.

다음 식을 계산해서 나오는 수의 일의 자리 숫자는 무엇일까?

$$111^6 + 222^6 + 333^6 + 444^6 + 555^6?$$

여기서 잠깐! 컴퓨터나 계산기는 사용하지 않고 풀어보길 바란다.

54 〉 다음은 무슨 공식일까?
Forty+ten+ten=sixty

여러분은 전에도 비슷한 문제를 풀어본 적이 있을 것이다. 각각의 알파벳 글자는 0부터 9까지의 숫자를 표시한다. 하나의 알파벳은 항상 하나의 숫자를 표시하며, 각각의 알파벳은 서로 다른 숫자를 표시한다. 다음의 알파벳 덧셈에 숨은 수는 무엇일까?

$$
\begin{array}{r}
\textbf{Forty} \\
\textbf{+ ten} \\
\textbf{+ ten} \\
\hline
\textbf{sixty}
\end{array}
$$

55 6을 곱했을 때 앞뒤가 달라지는 숫자 찾기

어떤 숫자에는 신기한 특징이 있다. 이번 문제에서 여러분은 그런 별종을 찾아내야 한다!

자연수 n이 있다(여기서 n은 0보다 크다). 이 수에 6을 곱해서 나오는 수가 n을 구성하는 모든 숫자를 정확히 역순으로 뒤집어놓은 수와 같은 자연수 n이 존재하는가?

예를 들어 자연수 n이 139라고 가정하면 139×6은 931이 돼야 한다. 하지만 실제로 계산해보면 834가 나온다. 그러므로 139는 우리가 찾는 자연수가 아니다.

서로 감추고 있는 숫자가 무엇인지 찾아라!

아그네타, 베르트, 클라라, 데니스는 자연수를 하나씩 생각하고 종이에 써 넣었다. 이제 이들은 서로가 숨기고 있는 수를 맞춰야 한다. 네 사람은 그들이 숨긴 수에 대한 정보를 두 문장으로 설명했다. 네 친구의 이름은 알아보기 쉽게 A, B, C, D로 표시했다.

A1) 이 수는 세 자리야.

A2) 각 자리 숫자를 곱한 값은 23이야.

B1) 이 수는 37로 나눌 수 있어.

B2) 이 수는 3개의 똑같은 숫자를 나열한 수야.

C1) 이 수는 11로 나눌 수 있어.

C2) 이 수의 일의 자리 숫자는 0이야.

D1) 이 수를 나타내는 모든 자리의 숫자를 더하면 10보다 큰 수가
나와.
D2) 백의 자리 숫자는 가장 큰 숫자도 아니고 가장 작은 숫자도 아니야.

문제의 난이도를 조금 더 높이기 위해 네 친구는 특별한 장치를 하나 더했
다. 이들이 말한 2개의 문장 중에서 하나는 진실이며 하나는 거짓이다.
자, 이 네 친구가 쪽지에 쓴 숫자를 정확히 맞춰보라!

이 문제는 2010년 수학 올림피아드 대회에서 17세 학생들에게 출제된 문
제다. 지역 올림피아드 대회였고, 총4차까지 치러지는 시험 중에서 2차에 해
당하는 시험이었다. 현재까지도 꽤 까다로우면서 크게 어렵지 않았던 문제로
평가받고 있다.

57 숫자의 마술로 어떤 마술사가 진실을 말하는지 찾아라!

3명의 마술사가 마술 기법에 관해 이야기하기 위해 한 달에 한 번씩 모임을 갖는다. 마술사들은 항상 새로운 아이디어에 목마르다. 모자에서 토끼를 꺼내거나 귀 뒤에서 숨은 지폐를 찾아내거나 손바닥에서 동전이 사라지는 마술은 너무 진부하기 때문이다.

마술사들은 특히 숫자를 매우 좋아했다. 한국에 사는 한 친구는 이들에게 숫자를 이용한 속임수에 대한 이메일을 보냈다. 그 친구는 메일에서 일부 내용을 숨겨두었다.

"나는 관객 중 1명에게 아무 수나 좋아하는 두 자릿수를 마음속으로 생각하라고 부탁하고 내게는 알려주지 말라고 해. 그런 다음 그 관객에게 그 수를 4번 이어서 쓰도록 하지. 그러면 여덟 자릿수가 생기거든. 나는 관객에게 좋아하는 색상을 묻고 이어서 생일이 언제인지 물어봐. 조금 시간이 지난 후 내가 이 수의 약수를 하나 알겠다고 말해. 그 수는 두 자리인데, 그건 너희들에게도 비밀이야. 나는 관객에게 계산기를 주며 직접 계산해보라고 말하는데 지금까지 내가 말한 약수는 틀린 적이 없었지!"

첫 번째 마술사가 말했다.

"괜찮은 기술인데! 약수는 아마도 73일 것 같아. 그 여덟 자릿수는 73으로 나눌 수 있어."

두 번째 마술사가 말했다.

"그 수는 13,837로 반드시 나눌 수 있어."

"13,837이라고?"

세 번째 마술사가 놀라며 말했다.

"나는 그렇게 큰 수를 계산하지 못해. 하지만 틀림없이 83으로 그 여덟 자리 수를 나눌 수 있어."

어떤 마술사가 옳은 이야기를 하고 있을까?

지금까지 배운 계산법은 잊어라!
조금 이상한 계산법

우리는 학교에서 덧셈을 배운다. 하지만 아래 쪽지에 쓰인 수는 아무래도 좀 이상한 방법으로 계산한 것 같다.

$$8 + 11 = 310$$
$$22 + 9 = 1313$$
$$43 + 56 = 1318$$
$$72 + 19 = 5319$$
$$8 + 6 = 214$$
$$22 + 11 = ?$$

쪽지에 쓰인 덧셈의 답은 전혀 맞지 않는다. 8 + 11은 결코 310이 될 수 없다. 또한 22 + 9도 1,313이 될 수 없다. 아무래도 이 쪽지에는 어떤 규칙이 숨어 있는 것 같다. 이 규칙에 따라 22 + 11을 계산하라.

59 ⟩ 두 형제가 돈을 나눈 뒤 여동생은 얼마를 갖게 될까?

두 형제가 지금껏 함께 수집했던 액션 피겨들을 팔고 있다. 피겨 하나의 금액
은 센트 없이 유로로만 책정했고, 금액을 나타내는 숫자가 형제가 가진 모든
피겨의 개수와 같다. 형제는 수익을 아래와 같이 나누기로 했다.

형이 10유로를 챙기고, 동생이 10유로를 챙기고, 다시 형이 10유로, 동생
이 10유로, 이런 식으로 수익을 나누기로 했다. 형이 마지막으로 10유로를 챙
기고 나니 10유로보다 적은 금액이 나머지로 남게 되었다. 형제는 나머지를
어린 여동생에게 선물하기로 했다.

여동생은 얼마를 받았을까?

유로와 센트를 헷갈린 점원 덕에
로또 당첨금을 2배 받은 사람

마리아는 매주 로또를 구입한다. 그러던 어느 날, 드디어 당첨이라는 행운이 찾아왔다. 겨우 3등이긴 하지만 당첨되었다는 사실이 중요하지 않겠는가! 그녀는 당첨금을 받기 위해 로또 가게를 찾아갔다.

당첨금을 받으려고 기다리는 마리아 뒤에는 신문을 구입하려는 나이가 지긋한 할아버지가 서 있었다. 할아버지의 상황을 보아하니 신문을 사기에는 5센트가 부족한 것 같았다. 로또에 당첨돼 마음이 너그러워진 마리아는 당첨금을 받아 그중 5센트를 할아버지에게 선물했다.

집에 돌아온 마리아는 돈을 세어보고 깜짝 놀랐다. 당첨금을 받으러 갈 때는 분명 지갑이 텅 비어 있었는데, 집에서 돈을 모두 꺼내 세어보니 당첨금의 2배였기 때문이다. 어떻게 이런 일이 생겼을까?

마리아는 액수를 유심히 살펴보다가 신문을 사려던 할아버지에게 5센트를 보탠 것이 생각났다. 그러자 무슨 일이 일어났는지 명쾌하게 알 수 있었다. 가게 점원이 유로와 센트를 잘못 계산한 것이었다. 그가 센트에 해당하는 금액을 유로로, 유로에 해당하는 금액을 센트로 꺼내 마리아에게 주었다(예를 들면, 20유로 30센트를 30유로 20센트로 꺼내준 것―옮긴이).

그렇다면 원래 마리아가 받아야 하는 당첨금은 얼마였을까?

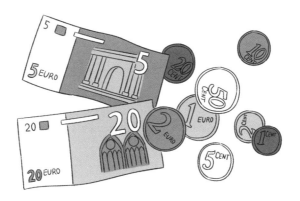

제6장

확률 문제

세상의 모든 일은 결국 확률 게임이다

61 홈스테이 가족 중에 반드시 딸이 있을 확률은?

청소년기에는 남자끼리 또는 여자끼리 어울려 지내고 싶을 때가 있다.

딱 그런 나이가 된 여학생 크리스티나는 영국으로 교환학생을 떠나면서 홈스테이하게 될 집에 딸이 있으면 좋겠다고 생각했다. 마침 교환 프로그램을 주관하는 관청에서는 여학생이 홈스테이를 할 경우, 가족 중에 적어도 2명의 자녀가 있으며 최소 1명은 딸이 있는 가정에서 홈스테이를 할 수 있도록 보장하고 있었다.

크리스티나는 머릿속으로 대충 계산해보았다. 만약 남자아이와 여자아이가 태어날 확률이 정확히 반반이라면, 자신은 1/2의 확률로 딸이 2명 있는 가정에서 홈스테이를 할 수 있을 것 같았다.

정말 그럴까? 만약 크리스티나의 생각이 틀렸다면 맞을 확률은 얼마일까?

62 | 공공장소에서 이루어지는 스파이 훈련

비밀 작전을 수행하게 될 예비 요원들이 사람들이 많이 오가는 넓은 장소에서 훈련을 받고 있다. 이들의 숫자는 홀수다. 이들은 넓은 공간에 흩어져 대기해야 하며, 이때 가까운 두 요원 사이의 거리는 모두 달라야 한다. 모든 요원들은 자신에게서 가장 가까운 요원을 감시해야 한다.

　예비 요원 중에서 적어도 1명은 감시를 당하지 않음을 증명하라(이 문제는 앞서 1장에서 풀었던 4번 문제 '폭력배 1명은 살아남는다. 어째서일까?'의 다른 버전임을 참고하라).

63 세계에서 제일 큰 탁구 토너먼트 대회

사람들이 잘 모르는 분야에서는 아무리 실력이 좋아도 별로 소용이 없다. 중국 도시 '핑퐁 타운'의 시장도 이 사실을 잘 알고 있었다. 핑퐁 타운의 인구는 백만 명이 넘지만, 중국 밖으로는 시민들의 열정적인 탁구 사랑이 거의 알려지지 않았다. 심지어 시장이 도시 이름까지 핑퐁 타운으로 바꾸었는데도 말이다.

핑퐁 타운을 세계적으로 알리기 위해, 이 도시는 세계에서 제일 규모가 큰 탁구 대회를 개최했다. 총 1,111,111명의 참가자가 토너먼트에 도전한다.

경기 진행 방식은 다음과 같다. 모든 참가자는 다른 참가자와 1명씩 대결한다. 승패는 KO 시스템으로 한 번 지면 대회에서 탈락하는 방식이다. 참가 선수의 수가 홀수인 경우에 1명은 시합을 치르지 않고 다음 라운드로 진출한다.

우승자가 결정되려면 총 몇 회의 시합이 치러져야 할까?

64 세 아이의 탁구 시합, 두 번째 시합에서 누가 졌을까?

알렉스, 브리트, 클레아라는 세 아이들이 탁구를 치고 있다. 2명은 탁구를 치고 1명은 구경하고 있다. 시합에서 이긴 아이는 탁구대에 계속 머무른다. 승자는 시합을 지켜보던 아이와 계속 탁구를 친다. 시합에서 진 아이는 다음 시합을 옆에서 지켜봐야 한다.

점심 무렵 세 아이들이 저마다 몇 번이나 시합을 했는지 세어보았다. 알렉스는 열 번, 브리트는 열다섯 번 그리고 클레아는 열일곱 번이었다.

두 번째 시합에서 진 아이는 누구일까?

65 ⟩ 목숨을 건 러시안룰렛에서 살아남는 법

이제부터는 으스스한 이야기를 해볼까? 러시안룰렛에 대해 들어본 적이 있을 것이다. 영화에서 자주 등장하는 살벌한 운명 게임으로, 6개의 총알이 들어가는 권총이 등장한다. 대개의 경우 권총에는 한 발의 총알만 장전한다. 게임 참가자는 총알의 위치를 알 수 없도록 탄창을 돌린 뒤 상대와 번갈아가며 권총을 머리에 대고 방아쇠를 당긴다.

물론 이런 위험한 게임은 아무도 해선 안 된다. 이 문제는 일종의 사고 실험일 뿐이다. 그러니 다음과 같은 문제를 상상만 해보자.

여러분이 잔인한 범죄 조직의 두목에게 끌려갔다. 그가 여러분에게 자기 권총의 탄창을 보여준다. 탄창에는 2개의 총알이, 그것도 나란히 장전돼 있다. 탄창의 나머지 4개의 구멍은 비어 있다.

두목은 귀찮은 듯 탄창을 돌리더니 조명 기구에 총을 겨누고 방아쇠를 당겼다. 아무 일도 일어나지 않았다. 총알이 발사되지 않은 것이다. 두목은 이제 여러분의 얼굴을 향해 총구를 겨누고 이렇게 묻는다.

"지금 바로 한 번 더 방아쇠를 당길까, 아니면 내가 탄창을 한 번 더 돌리길 바라나?"

여러분의 대답은 무엇인가? 어느 편이 목숨을 구할 가능성이 더 높은가?

66 달리기 경주에서 이기려면 어느 정도 속도로 뛰어야 할까?

달리기 경주는 어떻게 하는 게 더 나을까? 처음부터 끝까지 전력으로 달려야 할까? 아니면 처음에는 체력을 아끼다가 절반부터 최고 속도로 달려야 할까? 때로는 경주 전략이 승패를 가른다. 이번 문제는 이런 전략에 관한 내용이다.

달리기 선수 2명이 경주를 위해 만났다. 믿기지 않지만 두 선수의 달리기 속도는 완전히 똑같다. 심지어 느리게 달릴 때의 속도와 빠르게 달릴 때의 속도도 똑같다. 그래서 두 사람은 이번 경주를 위해 각자 전략을 세웠다.

첫 번째 선수는 전체 경주 구간의 첫 절반은 느리게 뛰다가 나머지 절반 구간에서 빠르게 뛸 계획이었다. 두 번째 선수는 전체 경주 시간의 첫 절반 동안 느리게 뛰고 나머지 시간 동안 빠르게 뛸 계획이었다.

누가 먼저 결승선에 도착할까?

67 6명이 벌이는 체스 게임, 승자는 과연 누구?

6명의 체스 선수가 시합을 벌이기 위해 한 자리에 모였다. 각 선수들은 다른 모든 선수와 각각 한 번씩 체스를 두어야 한다. 보통의 체스 시합처럼 게임이 무승부가 될 경우에는 두 선수 모두 0.5점의 점수를 얻는다. 그렇지 않으면 승자는 1점, 패자는 0점을 얻는다. 시합이 모두 끝난 후 점수를 따져보니 모든 선수의 점수가 각각 달랐다.

이런 상황에서 가장 꼴찌인 선수가 얻을 수 있는 최대 점수는 몇 점인가? 이유를 설명하고, 또 모든 선수의 대진표와 승패 결과를 나타내는 표를 만들어서 꼴찌인 선수가 정말로 그 점수를 얻었는지 증명하라!

68 당첨 확률을 높이는 로또 복권 논쟁

수백만 명의 사람이 매주 로또 복권을 사며 행운을 기대한다. 이번 문제는 누구에게나 사랑받는 그것에 관한 이야기다.

세 친구 막스와 자비네, 베르트도 매주 함께 로또를 산다. 로또 복권에는 49개의 숫자 중 6개의 숫자와 행운번호를 쓰게 돼 있다. 1등에 당첨되려면 6개의 숫자는 물론 행운번호까지 모두 정확히 맞춰야 한다. 행운번호는 0부터 9까지의 숫자 중에서 하나를 고르면 된다.

하지만 이제까지 세 사람이 당첨된 적은 없었다. 막스는 화가 나면서도 자신이 고른 행운번호가 단 한 번도 맞지 않았다는 것이 놀라웠다.

막스가 말했다.

"49개의 숫자 중에서 7개를 고르는 방식이면 더 좋지 않았을까? 그랬다면 우리가 1등에 당첨될 확률이 더 높았을 것 같아. 행운번호까지 고를 필요도 없겠지."

자비네가 반박했다.

"우리가 49개 중에서 7개를 고른다면 지금처럼 49개 중에서 6개와 행운 번호를 고르는 것보다 당첨 확률이 더 낮아져."

이에 베르트가 확신이 없는 목소리로 말했다.

"내 생각엔 두 경우 모두 당첨 확률은 똑같을 것 같은데…."

과연 누구의 말이 옳을까?

69 > 2016년에 열린 흥미로운 월드컵 평가전

2016년 10월 11일에 열린 월드컵 평가전 경기는 지루했다. 독일 국가대표 팀이 북아일랜드팀을 2 : 0으로 이겼다. 경기가 시작된 지 13분 만에 첫 골이 나왔고, 4분 후에 또다시 골이 터졌다. 승패가 결정난 듯한 분위기가 되자 2014년의 월드컵 챔피언은 경기가 끝날 때까지 대충 걸어 다녔다. 환상적인 경기였다고? 기자가 경기를 보지 않고 쓴 게 분명하다(2014년 월드컵 우승국은 독일이다.—옮긴이).

하지만 수학자들의 눈에는 두 팀의 대결이 매우 흥미로웠다. 사소하지만 재미있는 사실이 숨어 있었기 때문이다. 경기에 선발된 22명의 축구선수들 중에 생일이 같은 선수가 2명 있었다. 북아일랜드의 골기퍼 마이클 맥거번 Michael McGovern과 미드필더 셰인 퍼거슨 Shane Ferguson의 생일은 7월 12일로 똑같았다. 다만 태어난 해는 1명은 1984년, 다른 1명은 1991년생으로 다르다.

이런 일이 자주 일어날까? 22명의 축구선수들 중에 적어도 2명의 생일이 같을 확률은 얼마나 될까?

이 점을 주의하자   이 문제에서는 선수 생일의 월일만 따질 뿐, 태어난 해는 중요하지 않다. 또한 복잡한 계산을 피하기 위해 1년을 365일로 가정하고, 2월 29일이 존재하는 윤년이 없다고 가정한다.

70 > 서로를 믿지 못하는 10명의 도둑들

10명의 도둑이 한 팀이 돼 금고를 터는 데 성공했다. 그들은 훔쳐낸 금괴를 커다란 트렁크 하나에 채워 넣었다.

도둑들은 서로를 믿지 못했다. 그래서 4명 이상이 모여야 트렁크를 열 수 있는 장치를 만들고 트렁크를 잠그기로 했다. 4명 미만이 모인 상황에서는 결코 트렁크를 열 수 없게 말이다.

이들이 원하는 방법이 가능하려면 몇 개의 자물쇠로 트렁크를 잠가야 할까? 그리고 몇 개의 열쇠가 있어야 할까?

이 점을 주의하자

자물쇠 2개로는 충분하지 않다. 왜냐하면 우연히 만난 도둑 2명이 필요한 열쇠 2개를 각각 가진 경우 둘이서 트렁크에서 금을 가져 갈 가능성이 있기 때문이다.

156

20개의 사과 상자를
공평하게 나누는 법

창고에 사과가 든 상자가 20개 놓여 있다. 모든 상자에는 사과가 1개 이상 담겨 있고 상자 하나에 아무리 많이 담아도 30개까지만 담을 수 있다. 각 상자에 담긴 사과의 개수는 모두 다르며, 이는 무작위로 2개의 상자를 열었을 때 두 상자에 담긴 사과의 수가 항상 서로 다르다는 것을 의미한다.

이제 형제인 제잠과 베르트가 각각 사과 상자를 4개씩 받게 되었다. 상자 속에 든 사과는 자동으로 각자의 소유가 된다. 두 사람이 똑같은 수의 사과를 얻을 수 있도록 4개의 상자를 고를 수 있음을 증명하라!

제7장

이동에 관한 문제

흥미로운 퀴즈를 만드는 데
영감을 준 이동 수단들

다리 위를 달리는
2대의 자전거

어떤 사람이 자전거를 타고 100m 길이의 다리 위를 일정한 속도로 달리고 있었다. 다리 위 40m 지점을 지나는 순간 그는 사신과 같은 속노로 다리 반대편에서부터 달려오던 자전거 운전자와 만났다.

같은 시간에 자동차 1대가 첫 번째 자전거와 똑같은 진행 방향으로 70km/h의 속도로 다리를 건너고 있었다. 자동차는 다리에 진입하는 순간에 다리를 막 빠져나오는 두 번째 자전거와 만났고, 그 후 다리가 끝나는 지점에서 첫 번째 자전거와 동시에 다리를 빠져나갔다.

자전거 운전자가 이동하는 속도는 얼마일까?

73 › 시간이 늦어버린 자동차는 정시에 여객선을 탈 수 있을까?

어떤 자동차 운전자가 가족과 함께 어느 섬에서 휴가를 보내려 한다. 그는 섬까지 가는 여객선을 벌써 몇 달 전에 예약했고, 휴가 당일에 120km/h의 속도로 쉬지 않고 달려가면 여객선 출발 시간에 딱 맞게 선착장에 도착하도록 출발했다.

그러나 인생은 항상 계획대로 되지 않는 법이다. 도로 공사로 인한 교통체증으로 전체 거리의 절반을 계속해서 80km/h의 속도로 달려야 했다. 나머지 절반의 거리를 얼마나 빨리 달려야 이 가족이 여객선을 놓치지 않고 제 시간에 선착장에 도착할 수 있을까?

이 점을 주의하자 우리는 이 가족이 어디서 출발했는지 모른다. 물론 문제를 풀기 위해 출발 장소에 관한 정보는 필요하지 않다.

에스컬레이터의 계단은 몇 개일까?

여러분이 에스컬레이터를 탄다고 상상해보자. 움직이는 상행 에스컬레이터에서 60계단을 걸어 올라 위층에 도착했다. 그곳에서 이번에는 상행 에스컬레이터를 역방향으로 타고 걸어 내려왔다. 90계단을 걸으니 아래층에 도착했다. 여러분이 에스컬레이터를 탄 상태로 걸은 속도는 올라갈 때와 내려갈 때 모두 동일했다.

만약 에스컬레이터가 운행을 멈췄을 때 아래층에서 위층으로 올라간다면 몇 개의 계단을 걸어 올라가야 할까?

75 > 자전거를 타는 여자와 일정하게 부는 바람

매일 자전거를 타고 운동하는 여자가 있다. 그녀는 직선 도로를 따라 동쪽으로 15km 지점까지 달려갔다가 다시 되돌아온다. 하루는 몹시 강한 서풍이 일정한 세기로 불었다. 그날 그녀가 출발해서 반환 지점까지 가는 데 정확히 30분이 걸렸다. 그런데 되돌아오는 길은 바람 때문에 40분이 소요되었다.

만약 바람이 불지 않고 이 여자가 출발 지점부터 15km 떨어진 반환 지점까지 자전거를 타고 간다면 몇 분이 걸릴까?

이 점을 주의하자 바람이 불 때나 불지 않을 때나 관계없이 이 여자가 자전거로 달리는 속도는 항상 같다고 가정한다. 또한 계산을 쉽게 하기 위해 정면에서 부는 바람은 속도를 느리게 하고 뒤에서 부는 바람은 속도를 높인다고 가정한다.

강을 거슬러 올라가는 두 남자와 떠내려가는 모자

두 남자가 작은 배를 타고 노를 저어 강을 지나고 있었다. 출발 지점에서 1km 만큼 물줄기를 거슬러 강 상류로 가고 있던 순간, 갑자기 모자가 물에 떨어져 물살에 떠내려가고 말았다. 하지만 두 사람은 멈추지 않고 계속해서 상류 방향으로 노를 저었다. 그리고 정확히 5분이 지났다.

그때부터 두 사람은 뱃머리를 돌려 모자를 되찾기 위해 하류 방향으로 노를 젓기 시작했다. 모자는 이미 시야에서 사라졌지만 두 사람은 강물을 거슬러 노를 저었을 때와 똑같은 속도와 힘으로 잠시도 멈추지 않고 노를 저어 하류로 이동했다.

배를 돌린 지 정확히 5분 후에 그들은 모자를 따라잡아 물에서 건져냈다. 신기하게도 모자를 건진 지점은 그들이 출발했던 바로 그 지점이었다.

이제 문제다. 강물이 흐르는 속도는 얼마일까?

**이 점을
주의하자**

강물이 흐르는 속도와 노를 저어 배가 이동하는 속도는 일정하다고 가정한다. 또한 공기 저항 등의 자잘한 변수와 배를 돌리는 데 걸린 시간은 무시할 만큼 작다고 가정한다.

6개의 도시를 돌아다니는 도시 순회 여행

"이 나라는 도로를 대충 만들어서 다니기가 너무 불편해!"

대부분의 운전자, 화물차 기사, 상인 들이 하나같이 이런 말을 한다. 이번 문제도 도시들을 빠르게 연결하는 도로를 잘 계획해 만들려는 노력을 다루고 있다.

6개의 도시가 각 도시를 빠르게 잇는 정교한 교통망을 건설했다. 우리가 아는 사실은 각 도시가 다른 3개의 도시와 직통으로 연결된다는 점이다.

이 6개 도시 중에서 4개의 도시를 선택하면 항상 4개의 도시를 모두 한 번씩 들르며 순회하는 여행을 할 수 있음을 증명하라.

이 점을 주의하자

6개의 도시를 각각 A, B, C, D, E, F 라고 표시하자. 가령 A, B, C와 D를 순회하는 여행을 예를 들면, A에서 출발해 B에 도착하고, 그곳에서 다시 C에 들른 뒤 D에 갈 수 있고 마지막으로 다시 A로 돌아오게 된다. 도시에서 도시로 이동할 때는 단일 방향으로 직행한다.

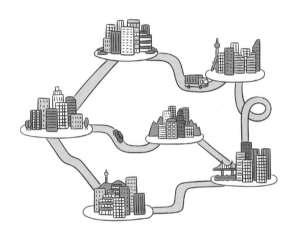

78 클래식 버스 동호회의 정기 야유회

매년 그랬듯 올해도 클래식 버스 동호회는 야유회를 열기로 했다. 도시 외곽의 커다란 주차장에서 나같이 버스를 타고 출발해, 멀지 않은 곳에 있는 성벽 정원에서 푸짐한 식사를 즐길 예정이었다.

주차장에서 출발한 클래식 버스에는 각각 똑같은 수의 회원들이 타고 있었다. 그런데 얼마 가지 못하고 버스 10대가 고장이 나서 서버렸다. 고장 난

버스에 타고 있던 회원들은 나머지 버스에 나누어 타야 했다. 멀쩡한 나머지 버스들에는 1명씩만 추가로 태우기로 했는데, 다행히 모든 회원이 버스를 탈 수 있었다. 점심 식사를 마친 후에는 또 버스 15대에 시동이 걸리지 않아 탈 수 없게 되었다. 성벽으로 오는 길에 고장 난 버스에 탔던 회원들은 다시 나머지 버스에 나누어 탈 수밖에 없었다.

이제 출발 장소로 돌아오는 버스에는 버스마다 맨 처음 출발했던 인원보다 정확히 3명씩 더 많이 타고 있다.

야유회에 참가한 클래식 버스 동호회 회원은 모두 몇 명일까?

수학과 연애는 얼핏 보면 전혀 서로 관련이 없을 것 같다. 하지만 이번 문제의 주인공 카사노바는 수학이야말로 연애를 위해 필요한 것이라고 생각한다.

그에게는 2명의 여자 친구가 있는데 누구를 만나야 하느냐가 늘 고민이다. 그래서 그는 우연에 자신의 연애를 맡겼다.

카사노바는 항상 같은 지하철역을 이용한다. 그곳을 지나는 노선은 하나뿐이며, 종점이 아니라서 지하철이 양방향으로 다닌다. 여자 친구들의 집이 각각 노선의 양쪽 종점에 있기 때문에 그는 먼저 오는 지하철을 타는 방식으로 그날 누구를 만날지 결정했다.

지하철은 양방향 모두 정확히 10분 간격으로 다닌다. 그런데 카사노바가 데이트를 한 지 두 달 후에 따져보니 한 여자 친구는 스물네 번 만났던 반면, 다른 여자 친구는 여섯 번밖에 만나지 않았다. 왜 이런 상황이 일어났을까?

올라가는 에스컬레이터에서의 달리기 경주

어떤 남자가 쫓기고 있었다. 그는 가능한 한 눈에 띄지 않도록 뒤도 돌아보지 않고 걸어갔다. 남자는 상행 에스컬레이터에 올라 빠른 걸음으로 올라갔다. 그러나 누군가 그의 뒤를 바짝 따라오고 있음을 눈치채진 못했다.

남자가 에스컬레이터를 중간쯤 올라갔을 때, 어떤 여자가 에스컬레이터에 타더니 빠르게 뛰어 올라왔다. 그녀는 아무것도 모른 채 걸어 올라가던 남자를 에스컬레이터 끝부분에서 따라잡았다. 여자는 24계단을 뛰어 올라갔고, 남자는 12계단을 걸어 올라갔다.

에스컬레이터가 멈췄을 때 겉으로 드러나는 계단은 모두 몇 개일까?

이 점을 주의하자   에스컬레이터와 두 사람이 이동하는 속도는 항상 일정하다고 가정한다.

81 ▷ 항공기 1대가 지구를 한 바퀴 도는 데 필요한 것은?

어느 섬에 항공모함 1척이 정박해 있다. 이곳에 탑재된 항공기는 모두 같은 모델이며 비행 속도노 모두 똑같다. 연료를 가득 주입한 항공기는 지구를 정확히 반 바퀴 돌 수 있다.

다행히 항공기는 비행하다가 언제든 상공에서 다른 항공기로부터 연료를 주입받을 수 있다. 또한 섬에는 충분한 양의 연료가 저장돼 있다.

그러면 항공기 1대가 지구를 한 바퀴 돌기 위해 최소 몇 대의 항공기를 하늘에 띄워야 할까? 모든 항공기는 반드시 항공모함으로 복귀해야 한다.

이 점을 주의하자

계산을 편리하게 하기 위해 지상에서나 상공에서나 연료 주입은 눈 깜짝할 사이에 이루어지며, 항공기의 이착륙과 선회 등에 소요되는 시간은 무시한다고 가정한다.

82 ⟩ 동시에 출발하는 여객선이 가진 비밀

강의 양쪽 선착장에서 여객선 2대가 동시에 출발한다. 그런데 왼쪽에서 출발하는 배가 오른쪽에서 출발하는 배보다 더 느리게 운항한다. 그렇기 때문에 두 여객선은 왼쪽 강변에서 400m 떨어진 지점에서 서로 만난다.

두 여객선은 각각 맞은편 선착장에 도착해 승객을 내리고 다시 태우기 위해 5분간 정박한다. 다시 출발했던 선착장으로 이동할 때 두 여객선은 이번에는 오른쪽 강변에서 200m 떨어진 지점에서 서로 만난다.

이 강의 폭은 얼마일까?

제8장

가장 어려운 문제들

**당신은 이 문제를
얼마 만에 풀 수 있을까?**

더 많은 돈을 가져갈 수 있는 방법을 선택하지 않는 사람도 있을까? 테이블 위에 동전 50개가 일렬로 놓여 있다. 동전에는 각기 다른 금액이 적혀 있고, 동전의 위치나 순서를 바꾸는 것은 금지돼 있다.

자, 게임을 시작하자. 여러분과 상대가 한 번씩 번갈아가며 동전 행렬의 오른쪽이나 왼쪽 끝에 놓인 동전을 집는다. 어느 쪽 끝에 있는 동전을 집을 것인지는 매번 새로 결정할 수 있다. 먼저 동전을 집을 수 있는 기회는 여러분에게 있다.

예상했겠지만, 이 게임의 목적은 상대보다 더 많은 돈을 가져가는 것이다. 그런데 이것이 쉽지 않다.

앞서도 말했듯 서로 다른 금액이 적힌 동전이 뒤섞여 있기 때문이다. 게다가 당연히 이기고 싶은데, 동전의 금액과 상관없이 순서대로 동전을 집어야 하기 때문이다.

그렇다면 이 게임에서 여러분이 적어도 상대가 가져간 만큼은 항상 가져갈 수 있다는 것을 증명해보라!

**이 점을
주의하자**

가장 많은 금액을 가져갈 수 있는 전략부터 고민한다면 문제풀이가 너무 어려워질 것이다. 근소한 차이로도 승패는 결정된다. 혹 여나 운이 없어도 상대와 똑같은 금액을 가져갈 수 있다. 그러니 최고의 전략을 찾기보다는 쉬우면서도 손해 보지 않을 전략을 생각하자. 단, 이 전략은 동전이 어떻게 분포돼 있든지 항상 성공해야 한다.

모자 색을 맞춰
사면될 확률 높이기

이번 문제는 우리가 앞서 3장 논리력 문제 편에서 풀어보았던 '죄수와 모자'(35번) 문제와 유사하나, 난이도를 더 높였다.

3명의 죄수가 감옥에서 종신형을 살고 있다. 그런데 새로 임명된 교도소장이 예기치 않게도 이들에게 사면 기회를 주기로 했다. 사면 조건은 이들 중 적어도 한 사람이 모자의 색상을 정확히 맞히는 것이다. 모자의 색상을 모르면 포기해도 된다. 즉, 대답하지 않아도 된다.

교도소장이 죄수들에게 두 가지 색상의 모자를 보여주며 말했다. 하나는 흰색, 다른 하나는 검은색이었다.

"이제부터 너희들 뒤에서 모자를 씌우겠다. 모자 색은 무작위로 고른다."

죄수들은 자신이 쓴 모자를 볼 수 없고 다른 죄수가 쓴 모자만 볼 수 있다.

이번 문제에서도 죄수들은 서로 대화할 수 없다.

"만약 너희 중 2명이 포기하고 1명이 모자 색깔을 맞힌다면 올바른 색상을 맞힐 확률은 50%다."

교도소장이 말했다.

"하지만 지능이 높은 너희라면 확률을 높일 전략을 생각하겠지? 이제부터 서로 대화를 나누어도 좋다. 1시간 후에 와서 너희에게 모자를 씌우겠다."

3명의 죄수는 사면 가능성을 키울 수 있을까? 만약 그렇다면 어떻게 얼마나 높일 수 있을까?

몇 번을 떨어뜨려야
유리컵이 깨질까?

강화 유리 제품을 생산하는 공장이 있다. 이 공장에서 만든 유리컵은 콘크리트 바닥에 떨어져도, 심지어 몇 층 높이에서 떨어뜨려도 깨지지 않는다. 매일 새로 만들어지는 유리의 성능에는 사소한 차이가 생긴다. 용광로나 재료 혼합 공정에서부터 일하는 직원들의 컨디션이나 날씨, 기온이 매일 다르기 때문이다. 그러나 같은 날 생산된 유리 제품의 품질은 모두 똑같다.

매일 저녁, 품질을 검사하는 직원이 그날 만든 유리컵 중 하나를 골라 탑으로 올라간다. 그는 컵이 깨질 때까지 한 층씩 올라가며 바닥에 던져 품질을 시험해야 한다. 품질을 시험하는 탑은 10층짜리 건물이다. 어느 층까지 컵이 깨지지 않는지 알아보기 위해서 던지고 주워 오는 것을 반복해야 하는데, 간혹 열 번을 던져야 하는 날도 있다.

매일같이 계속해서 계단을 오르락내리락 하는 일이 힘들다 보니 직원이 하루는 꾀를 냈다. 품질 시험에 컵 1개가 아니라 2개를 이용하기로 한 것이다. 던져서 하나가 깨지면 다른 컵으로 한 번 더 던질 수 있기 때문이다.

2개의 컵을 이용할 경우에 그날 만들어진 유리컵이 몇 층까지 깨지지 않는지 알아보려면 최대 몇 번의 시험이면 충분할까?

더 어려운 문제를 풀기 원하는 독자라면, 101층짜리 탑에서 컵의 성능을 시험할 경우에는 컵을 몇 번 던져야 할지 알아내라!

86 500명의 학생과 500개의 사물함

어느 고등학교의 커다란 지하 창고에는 사물함이 500개나 있다. 학기가 시작되는 첫날, 사물함 주인들이 괴상한 장난을 쳤다.

처음에 모든 사물함이 잠겨 있었다. 첫 번째 학생이 지나가며 500개 사물함의 문을 전부 열었다. 두 번째 학생이 지나가며 매 두 번째 사물함, 즉 모든 짝수 번째 사물함을 닫았다. 세 번째 학생이 지나가며 매 세 번째 사물함의 상태를 바꿨고(열려 있으면 닫고 닫혀 있으면 연다), 네 번째 학생이 지나가며 매 네 번째 사물함의 상태를 바꿨다. 이런 식으로 마지막으로 500번째 학생이 500번째 사물함의 상태를 바꿀 때까지 모든 500명의 학생이 지나가며 해당하는 사물함의 상태를 바꿨다.

모든 학생이 지나간 후 열려 있는 사물함은 몇 개인가?

87 〉 연료가 없는 자동차가 섬을 한 바퀴 돌 수 있을까?

동그란 모양의 섬이 있고, 여러분은 자동차로 해변 도로를 따라 이 섬을 한 바퀴 돌고 싶다. 마침 이 섬에 저장된 휘발유가 거의 바닥났다. 해변 도로에는 몇 개의 주유소가 존재하지만 주유소마다 남은 휘발유가 많지 않다. 해변 도로에 있는 모든 주유소의 연료를 전부 합하면 여러분의 자동차가 섬을 정확히 한 바퀴 돌 수 있다.

여러분의 자동차에 연료가 하나도 없을 때 특정 주유소에서 출발한다면 섬을 한 바퀴 돌 수 있음을 증명하라.

이 점을 주의하자 · 여러분의 자동차는 연료가 없는 상태로 첫 번째 주유소에서 주유한 후에 출발한다. 똑같은 양의 기름으로는 항상 같은 거리를 이동한다고 가정한다.

88 〉 테이블, 2명의 도둑,
그리고 산처럼 쌓인 동전

돈으로 장난을 치면 안 된다. 하지만 이번 문제에서만큼은 예외를 두자. 동전이 아주 중요한 역할을 하기 때문이다.

2명의 도둑이 주차요금 정산기 몇 대를 부수고 엄청난 양의 2유로짜리 동전을 훔쳤다. 도둑들은 훔친 돈을 정확히 반씩 나누기로 했다.

두 사람은 이번 도둑질이 크게 성공한 기쁨에 심취해 다시 거리로 나가서 또 다른 정산기를 찾아 부수고 싶었다. 하지만 오늘 밤에는 경찰이 순찰을 더 강화한다는 것을 알고 있었기 때문에 포기하고 집에 있기로 했다. 그러자 동전 몇 개를 가지고 놀면 재미있겠다는 생각이 떠올랐다. 지나친 흥분을 가라앉힐 수 있고, 운이 좋으면 놀이에서 이겨 돈도 딸 수 있으니 말이다. 그래서 다음과 같은 놀이를 생각해냈다.

두 사람이 동그란 테이블에 앉아서 번갈아가며 2유로짜리 동전을 하나씩 테이블 위에 내려놓는다. 아무 데나 놓아도 되지만 세우거나 동전끼리 닿게 하면 안 된다. 또한 동전을 쌓아서도 안 되며 이미 놓인 동전을 옮겨도 안 된다.

두 사람이 동전을 놓으면 놓을수록 테이블이 동전으로 뒤덮일 것이다. 어느 순간 더 이상 동전 놓을 자리를 찾지 못하는 사람이 지게 된다. 그러면 테이블 위에 놓인 모든 2유로짜리 동전은 승자의 것이 된다.

반드시 이기는 사람은 누구일까? 처음 동전을 놓는 사람일까, 아니면 두 번째로 동전을 놓는 사람일까? 어떤 전략을 사용해야 이길 수 있을까?

89 ▷ 거의 아무도 풀지 못하는 문제, 0과 1

이 짧은 문제는 나를 거의 미치게 만들었다. 문제에 어떻게 접근해야 할지 몰라서 몹시 당황했다. 그래서 몇 시간 동안 문제를 노려보며 고민하다가 결국 해답을 들춰 보고는 깜짝 놀랐다. 해설이 고작 몇 줄뿐이었으니까! 부디 여러분은 스스로 문제를 풀어내길 바란다.

어떤 자연수 n의 배수가 숫자 0과 1로만 이루어질 수 있음을 증명하라.

파티에 참석한 사람들 중
몇 명과 악수해야 할까?

카이와 미리아나 부부는 어느 파티에 갔다. 파티에는 다른 네 커플도 초대되었다. 파티의 주최자는 독특한 환영 인사를 제안했다. 파티의 모든 손님은 자신이 모르는 다른 손님과 악수해야 한다는 규칙을 만든 것이다.

나중에 카이는 대화를 하다가 나머지 9명이 각각 다른 수의 사람들과 악수를 했다는 사실을 알게 되었다.

카이의 아내 미리아나는 과연 몇 명의 사람들과 악수를 했을까?

91 미친 난이도의 문제, 50개의 시계와 테이블

이 문제는 거의 미친 수준이다! 테이블 위에 시계 50개가 놓여 있다. 우리는 모든 긴 바늘이 동일한 속도로 돌아간다는 것을 알고 있다. 물론 시계가 나타내는 시각은 빠르거나 느리기도 하다. 시계의 크기는 전부 다르며 아무런 규칙 없이 테이블 위에 놓여 있다. 시계들의 숫자판도 저마다 자유로운 방향으로 돌아가 있다.

1시간 이내에 테이블 중심점으로부터 50개의 긴 바늘 끝까지의 거리의 합이 테이블 중심점으로부터 시계의 중심부까지 거리의 합보다 더 커지는 순간이 찾아옴을 증명하라.

제9장

상상력을 키워주는 문제

색다른 사고를 하는
사람들을 위한 플러스 퀴즈

92 잠든 사이에 무슨 일이? 간헐적 수면을 하는 여자

이 상황에 대해 설득력 있는 설명을 하는 것이 여러분의 과제다! 최대한 상상력을 발휘해 구체적으로 묘사하라. 모든 것이 가능하다.

호텔 침대에 누워 자고 있던 여자가 잠에서 깼다. 그녀는 일어나는 대신 어디론가 전화를 걸더니 아무 말도 하지 않고 끊은 뒤 다시 잠을 잤다. 그녀는 밤새 자다 깨어나 전화하고 잠드는 행동을 여러 차례 반복했다. 이 상황을 설명할 수 있을까?

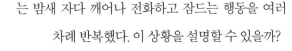

구멍에 빠진
불쌍한 병아리를 구하라!

이번에는 곤경에 빠진 병아리를 구해야 한다. 어느 공사현장의 콘크리트 바닥에 주먹만 한 구멍이 여러 개 뚫려 있다. 꽤 깊은 구멍들 중 하나에 불쌍하게도 병아리 한 마리가 빠져서 혼자 힘으로는 나오지 못했다.

다행히 병아리가 두 다리로 서서 움직이는 모습을 보니 다치진 않은 것 같았다. 불쌍한 병아리를 구해주기 위해 구멍에 손을 넣어보았지만 너무 깊어서 손이 닿지 않았다.

막대기든 다른 무엇이든 가능한 모든 수단을 동원해 이 병아리를 구하라. 구조하는 과정에서 병아리가 다치지 않게 조심해야 한다. 그런데 사실 아주 간단한 방법으로 이 병아리를 구해낼 수 있다고 한다. 그게 무엇일까?

사막 한가운데에 사람 형체 하나가 모래 위에 누워 있다. 그곳에서 가장 가까운 마을까지는 수백 km나 떨어져 있다.

남자는 손에 부러진 성냥개비 하나를 들고 죽어 있었다. 그는 어떻게 거기까지 가서 죽은 걸까?

한 남자가 자동차를 몰고 시내를 통과하던 중 라디오를 켰다. 잠시 후 그는 자동차를 멈추고 갓길에 정차하더니 권총을 쏴 스스로 목숨을 끊었다. 대체 무슨 일일까?

96 술집에 들어간 손님은 왜 총을 보고 고맙다고 했을까?

술집에 들어간 남자가 물 한 잔을 주문했다. 술집 주인은 그 손님을 잠시 지켜보다가 계산대 아래에서 권총을 꺼내 손님에게 겨누었다. 그러자 남자가 고맙다는 인사를 하고는 술집을 떠나갔다.

언덕 위에 놓여 있는 희한한 조합

언덕 위에 바짝 마른 당근, 조약돌, 낡은 모자, 나뭇가지가 덩그러니 놓여 있다. 그 외에는 아무것도 없다.

이 언덕에 무슨 일이 있었던 걸까? 상상력을 발휘해서 이야기를 만들어 보자.

98 ▷ 그림 같은 캘리포니아 해변에서 펼쳐진 경적 콘서트

태양이 가장 빛나는 여름철, 미국 캘리포니아의 그림 같은 해변에 자리한 여관은 며칠째 모든 방이 만실이었다.

이 해변 여관에서 어떤 남자가 밖으로 나와 차에 타더니 1분가량 경적을 울렸다. 그런 다음 그는 자기 방으로 돌아갔다. 이 남자의 행동을 설명하라.

병원 건물의 계단에서 알게 된 사실

병원 건물의 계단을 내려가는 여자가 있었다. 그런데 갑자기 전등이 깜빡깜빡 하더니 한순간 전부 꺼져서 계단실이 컴컴해졌다. 그 순간 여자는 그녀의 남편이 방금 세상을 떠났다는 것을 알았다. 어떻게 알았을까?

100 > 새 신발을 신고 출근한 여자는 왜 갑자기 죽었을까?

어떤 여자가 새 신발을 구입해 신고 곧바로 일터로 출근했다. 그녀는 그날을 넘기지 못하고 세상을 떠났다. 그녀에게 무슨 일이 생긴 걸까?

정답 및 해설

01　다음에 나타나는 도형은 어떤 모양일까?

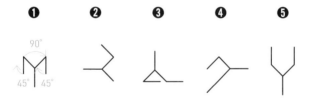

자세히 분석해보면 도형들은 두 가지 구성 요소로 이루어져 있다. 하나는 와이(Y) 형
태로 시계 방향으로 90도씩 회전한다.

다른 한 가지 구성요소는 Y 형태 위쪽에 달린 2개의 '팔'이다. 이 팔들은 그림마다 Y와
함께 90도씩 회전하면서, 추가로 45도씩 더 기울어신나. 그래서 어떤 경우에는(2빈 그
림) 팔 하나가 Y의 한쪽 윗부분과 겹처서 보이지 않는다.

02 저울 없이 초콜릿 무게를 정확하게 맞힐 수 있을까?

첫 번째 세트에선 초콜릿을 1개, 두 번째 세트에선 2개, 세 번째 세트에선 3개, 이런 식으로 각각의 세트에서 순서에 해당하는 개수의 초콜릿 바를 꺼낸다. 그러면 $1+2+3+\cdots+10=55$개의 초콜릿 바가 모일 것이다. 55개의 초콜릿을 한꺼번에 저울에 잰다. 이제 저울이 표시한 그램 수에서 $55\times100=5,500$g을 뺀다.

뺄셈 후 나온 값으로 몇 번째 세트에 무게가 더 많이 나가는지 알 수 있다. 예를 들어 5가 나왔다면 첫 번째 세트, 10이 나왔다면 두 번째 세트, 50이 나왔다면 열 번째 세트가 바로 우리가 찾고 있던 세트다.

03 시곗바늘이 정확히 대칭을 이루는 시간을 찾아보자

그렇다. 시계의 긴바늘과 짧은바늘은 숫자 6을 기준으로 정확히 대칭으로 벌어질 수 있다. 그리고 그 순간은 정확히 8시 18분, 27.7초다.

8시 15분 정각에는 긴바늘과 6 사이의 각도가 짧은바늘과 6 사이의 각도보다 크다. 하지만 시간이 지나면서 긴바늘이 이루는 각도는 작아지고 짧은바늘이 이루는 각도는 커진다. 긴바늘은 6에 가까워지고, 짧은바늘은 6에서 멀어지기 때문이다. 8시 20분

정각에는 상황이 확실히 바뀐다. 긴바늘과 6 사이의 각도가 짧은바늘과 6 사이의 각도보다 작다.

그렇다면 바로 이 두 시간 사이에 두 바늘과 6이 이루는 각도가 똑같아지는 순간이 존재할 것이다. 두 시곗바늘이 일정한 속도로 움직이며, 연결성 있게 움직이기 때문이다.

그렇다면 이 순간은 언제일까? 바늘이 움직이는 속도를 계산해보자.

$$긴바늘 = 360°/60분 = 6°/분$$
$$짧은바늘 = 360°/720분 = 0.5°/분$$

이제 8시 이후에 t분이 지났다고 하고, 긴 시곗바늘과 6 사이의 각도를 계산해보사(여기서는 식이 너무 복잡해지는 것을 피하기 위해 각각의 단위를 빼고 계산한다).

$$각도(긴바늘) = 180 - t \times 6$$

짧은바늘과 6 사이의 각도는 이렇게 계산할 수 있다.

$$각도(짧은바늘) = 60 + t \times \frac{1}{2}$$

만약 두 바늘과 6 사이의 각노가 같나면 식을 이렇게 만늘 수 있다.

$$180 - t \times 6 = 60 + t \times \frac{1}{2}$$

이제 t의 값을 구하기 위해 t를 한쪽으로 몰아서 계산해보자.

$$120 = \frac{13}{2} \times t$$

$$t = \frac{240}{13}$$

240/13분은 18분 27.7초다(0.4615385분에 60을 곱해서 초 단위로 환산하면 27.7초가 된다.—옮긴이). 그러므로 정답은 8시 18분 27.7초다.

04 폭력배 1명은 살아남는다. 어째서일까?

5명의 폭력배가 서로 다른 거리를 두고 떨어져 있기 때문에 이들 중 가장 가까이 서 있는 2명이 있을 것이다. 그러므로 2명은 서로를 향해 총을 쏠 것이고, 서로의 총알에 맞아 죽을 것이다.

그러면 나머지 세 사람의 운명은 어떻게 될까? 두 가지 경우를 생각해볼 수 있다.

1) 세 사람 중 1명은 앞의 두 사람 중 자신과 더 가까이 있는 사람에게 총을 겨눌 것이다. 이 사람에게서 그가 가장 가까이 있기 때문이다. 그러면 한 사람에게 두 발의 총알이 발사된다. 총알은 모두 5개이므로 한 사람은 총알을 맞지 않고 살아남는다.

2) 세 사람은 앞의 두 사람과 아주 멀리 떨어져 있어서 두 사람을 겨누지 않는다. 그렇지만 이들 중에도 서로 더 가까운 거리에 있는 두 사람이 서로를 쏠수 있으므로 두 사람이 더 죽을 수 있다. 마지막 사람에겐 아무도 총을 쏘지 않으므로 최소한 1명은 살아남는다.

05 물에 섞인 와인, 와인에 섞인 물, 어느 쪽?

와인에 섞인 물의 양과 물에 섞인 와인의 양은 정확히 같다!

증명 방법은 생각보다 단순하다. 현재 와인 잔에는 따라낸 부피만큼의 와인이 빠져 있다. 따라내고 다시 채우는 과정으로 와인 잔과 물잔에 담긴 액체의 양이 같아졌으므로 와인이 빠진 부피를 동일한 부피의 물이 대체했을 것이다. 따라서 두 잔에 혼합된 와인과 물의 양은 동일하다.

06 도화선에 섣불리 불을 붙이지 말 것

우선 45초를 구해보자. 하나의 도화선에는 양쪽 끝, 그리고 나머지 도화선에는 한쪽 끝에 동시에 불을 붙인다. 양쪽에 불을 붙인 도화선이 전부 타는 데 걸리는 시간은 30초다. 이 30초 시점에 한쪽만 불을 붙인 도화선도 불꽃이 정중앙에 이를 것이다. 이때 이 도화선의 반대쪽 끝에 불을 붙이면 15초 후에 두 번째 도화선도 전부 타게 된다. 이 시점이 처음 불을 붙인 후 정확히 45초가 되는 시점이다.

그렇다면 어떻게 해야 60초짜리 도화선을 이용해 10초 시점을 구할 수 있을까? 단순하다. 6개의 불꽃이 도화선을 태우게 하면 된다. 그러면 1개의 불꽃이 도화선 전체를 태울 때보다 6배 빠르게 도화선을 태울 수 있다.

이제 도화선의 양쪽 끝과 중간의 임의의 두 곳에 동시에 불을 붙인다. 그러면 도화선의 양 끝에 2개, 중간에 4개의 불꽃이 생겨난다. 도화선의 중간에 붙인 불은 양쪽 방향으로 타기 때문이다. 만약 어떤 구간이 다 타서 불꽃이 꺼지면 그 즉시 불이 지나가지 않은 도화선에 불을 붙인다. 그렇게 계속해서 멈추지 않고 6개의 불꽃이 도화선을 태우게 하는 것이다. 도화선이 전부 다 타는 순간이 바로 10초가 되는 시점이다.

실제로 두 번째 해법을 수행하기는 어렵다. 왜냐하면 점점 더 빠른 속도로 점점 더 좁

206

아지는 타지 않은 부분에 불을 붙여야 하기 때문이다. 하지만 이론적으로는 가능하다.

07 제한된 물과 음식만으로 사막을 횡단할 수 있을까?

운동선수는 사막을 횡단할 수 있다. 다음처럼 하면 가능하다.

첫 번째 단계 먼저 4일치 물과 식량을 챙겨 출발한다. 하룻길을 걸어가서 2일치 음식을 사막에 보관하고, 하룻길을 되돌아온다. 오가는 이틀 동안 2일치 음식을 먹고 마신다.

두 번째 단계 이번에도 4일치 물과 식량을 가지고 출발한다. 하룻길을 간 후 남은 3일치 음식에 보관했던 2일치 중에서 하루치 음식을 챙긴다. 그렇게 다시 4일치 음식을 가지고 하룻길을 더 간 후에 그곳에 2일치를 보관한다. 다시 하룻길을 돌아오면서 물과 식량을 모두 소비한다. 하지만 처음 음식을 보관했던 장소에 하루치 음식이 남아 있으므로 그것을 챙겨서 다시 출발 장소로 돌아올 수 있다.

세 번째 단계 마지막으로 4일치 물과 식량을 가지고 출발한다. 이틀 동안 길을 걸은 후에 그는 2일치 음식을 보관한 장소에 도착한다. 지난 이틀간 2일치의 음식을 소비했지만 보관했던 2일치의 음식을 다시 챙길 수 있다. 이제 그는 4일치의 음식으로 남은 4일 길을 완주할 수 있다.

08 배에 있던 돌을 호수에 던졌을 때 생기는 일

이 문제의 답을 얻으려면 문제에서 발생한 두 가지 영향을 이해해야 한다.

우선 보트에 있던 돌을 전부 물에 넣으면 보트는 물에 덜 잠기고 호수의 수위는 낮아

정답 및 해설

207

진다. 반면에 돌들이 물속에 들어가면 그만큼 수위가 높아진다. 그렇다면 두 영향 중에서 어느 것이 더 클까?

돌이 보트 안에 있으면 보트는 물속으로 더 깊이 가라앉는다. 물을 누르는 무게는 정확히 돌의 무게와 같다. 예를 들어 돌들의 무게가 10kg이라면 호수의 물은 물에 떠 있는 보트에 의해 10L만큼 짓눌릴 것이다. 물 1L의 무게는 1kg이기 때문이다.

이제 반대로 생각해보자. 10kg의 돌을 보트 밖으로 꺼내면 보트는 이제 10L의 물을 덜 누르게 된다. 호수의 수위는 10L만큼 내려갈 것이다(물론 거대한 호수에서 이 정도의 변화를 눈으로 관찰하는 것은 거의 불가능하다).

10kg의 돌이 호수에 빠지면 호수의 부피가 돌의 부피만큼 늘어나게 된다. 그런데 돌의 밀도가 물의 밀도보다 높으므로(2~3배쯤), 10L의 부피까지는 되지 못하고 5L나 3L 정도의 부피가 늘어날 것이다.

이제 우리가 할 일은 두 가지 영향이 만든 결과를 더하는 것이다. 돌을 보트에서 꺼낸 결과 호수의 수위는 10L만큼 내려간다. 그리고 돌이 호수에 가라앉은 결과, 호수의 수위는 5L나 3L만큼 올라간다. 따라서 호수의 수위는 내려간다.

09 더 싼값에 사슬을 장만할 수 있을까?

125유로가 필요하다.

대충 계산했을 때는 6개의 사슬을 하나씩 모두 끊어서 서로 연결하는 것보다 140유로를 주고 긴 사슬을 새로 장만하는 것이 더 저렴해 보인다. 6개의 사슬 끝에 달린 고리를 각각 연결하려면 6×25 = 150유로가 필요하기 때문이다.

하지만 짧은 사슬들로 긴 사슬을 만드는 방법이 실제로는 더 저렴하다. 서로 연결하기 위해 6개의 짧은 사슬을 죽 늘어놓으면 끊어야 하는 고리가 5개뿐이라는 사실을 알 수 있기 때문이다. 그러므로 5개의 사슬만 끊어서 연결하면 농부가 원하는 긴 사슬이 만들어진다. 그렇게 긴 사슬을 만들기 위해 필요한 비용은 5×25 = 125유로다. 솔직히 고백하자면 나는 처음 이 문제를 받았을 때 틀린 답을 선택했다. 여러분은 어땠는가?

10 정확한 분량의 소스를 만들어라! 쿠킹 하드 3

0.3L 컵에 물을 가득 채워서 0.5L 컵에 따른다. 이번에도 0.3L 컵에 물을 가득 채운 뒤, 0.5L 컵이 다 채워질 때까지 물을 따른다. 0.5L 컵이 다 채워졌을 때 0.3L 컵에 남은 물은 정확히 0.1L일 것이다. 이제 소스를 맛있게 만드는 일만 남았다!

존 맥클레인도 〈다이 하드 3〉에서 이와 비슷하게 문제를 해결했다. 5갤런 물통에 물을 가득 채우고 그 물을 3갤런 물통에 가득 채웠다. 3갤런 물통을 비우고 5갤런 물통에 남은 2갤런의 물을 비어 있는 3갤런 물통에 전부 쏟았다.

그는 다시 5갤런 물통에 물을 가득 채우고 3갤런 물통에 1갤런을 마저 채웠다. 그러면 5갤런 물통에는 4갤런의 물만 남게 된다.

11 내성적인 사람들과 외향적인 사람들이 만나면

대체로 목소리가 작은 사람들의 주장이 무시당하기 마련이지만 이번엔 내성적인 회원의 말이 옳다. 올해 참석한 회원 50명은 절대로 단체가 정한 규정에 맞게 앉을 수 없다.

먼저 셋 이상의 외사모 회원이 나란히 앉을 수 없음을 증명해보자. 이것은 쉽다! 외사모 회원 셋이 나란히 앉는다고 하면, 중간에 앉은 외사모 회원 양옆에 외사모 회원이 앉으므로 규정 위반이다.

결국 외사모 회원은 혼자 앉거나 둘씩 앉을 수밖에 없으며, 외사모 회원의 왼쪽과 오른쪽에는 항상 적어도 1명의 내성적인 회원이 앉게 된다. 전부 25명인 외사모 회원은 적어도 13개의 빈자리를 사이에 두거나(12쌍이 둘씩 나란히 앉고 1명이 혼자 앉는 경우) 많게는 25개의 빈자리를 사이에 두고 앉을 수 있다(모두 혼자 앉는 경우). 빈자리에는 내성적인 회원이 2명 이상 앉아야 한다.

이제 13개 내지 25개의 빈자리를 25명인 내성적인 회원들로 채우려고 보니 적어도 1명의 내성적인 회원은 혼자 앉을 수밖에 없다는 사실이 분명해졌다. 왜냐하면 13개의 빈자리를 둘씩 채우려면 26명이 필요하기 때문이다. 그런데 적어도 1명의 내성적인 회원 양옆에는 외사모 회원이 앉게 되므로, 양옆에 외사모 회원이 앉으면 안 된다는 규정을 위반하게 된다. 그러므로 올해 회식은 전통적인 방식대로 이루어질 수 없다.

만약 두 단체의 참석자가 각각 26명이라면 규정대로 앉아서 식사할 수 있다. 각 단체의 회원이 2명씩 나란히 앉으면 모든 내성적인 회원이 외사모 회원 사이에 끼시 않고 즐겁게 식사를 즐길 수 있다.

12 사과와 오렌지는 어느 상자에 있을까?

단 1개의 과일만 꺼내도 라벨을 바르게 붙이는 것이 가능하다. 하지만 아무 상자나 열어서는 안 된다. '사과 + 오렌지'라고 써 붙인 상자를 선택해야 한다. 그 상자에는 사과 또는 오렌지만 있을 것이다. 모든 상자의 라벨이 바뀌었다고 했으므로 그 상자에 사과와 오렌지가 동시에 들어 있을 수 없기 때문이다.

첫 번째 오렌지가 나오는 경우

모든 상자의 라벨이 바뀌었다고 했으므로 '오렌지'가 붙은 상자에는 사과만 있을 것이다. 자동으로 사과 박스에는 사과와 오렌지가 함께 있다.

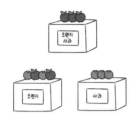

두 번째 사과가 나오는 경우

모든 상자의 라벨이 바뀌었다고 했으므로 '사과'가 붙은

상자에는 오렌지만 있을 것이다. 자동으로 오렌지 박스

에는 사과와 오렌지가 함께 있게 된다.

13 퀴즈를 좋아하는 수학자 2명이 만나면 벌어지는 일

수학자의 아들은 각각 1살, 2살 그리고 6살이다.

세 아들의 나이를 모두 곱한 수는 1부터 12 중 하나다. 1년은 12월까지밖에 없기 때문

이다. 또한 세 아들의 나이가 모두 다르므로 세 숫자는 모두 달라야 한다.

우선 1부터 12까지의 숫자 중에서 3개의 서로 다른 숫자로 나뉘는 수를 찾아보자. 이

때 아이의 나이가 1이 될 수도 있다는 점을 잊지 말자. 그러면 자연히 2, 3, 5, 7, 11은

후보에서 제외된다. 이 숫자들은 소수이기 때문에 2개 이하의 숫자를 곱해서 만들 수

있기 때문이다. 예를 들면 1×2와 1×3이 그렇다. $1 \times 1 \times 2$와 $1 \times 1 \times 3$도 이론적으

로는 가능하지만 둘째와 셋째 아들이 서로 동갑이 아니기 때문에 제외된다.

소수가 아닌 1과 4, 9의 경우는 $1 \times 1 \times 1$, $1 \times 2 \times 2$, $1 \times 3 \times 3$이 가능하지만, 역시 첫

째와 둘째가 동갑이 될 수 없기 때문에 제외된다.

따라서 이번 달이 될 수 있는 숫자들은 다음과 같다.

$$1 \times 2 \times 3 = 6$$

$$1 \times 2 \times 4 = 8$$

제1장

제2장

제3장

제4장

제5장

제6장

제7장

제8장

제9장

$$1 \times 2 \times 5 = 10$$

$$1 \times 2 \times 6 = 12$$

$$1 \times 3 \times 4 = 12$$

그런데 세 아들을 가진 아버지의 마지막 말에 따르면 1년 후 아이들의 나이를 모두 더하면 다시 이번 달의 숫자가 된다고 했다. 그러므로 곱했을 때 이번 달의 숫자를 만드는 세 숫자에 1씩을 더한 뒤에 모두 더하면 다시 이번 달의 숫자가 만들어져야 한다. 이 조건에 해당하는 조합은 1, 2, 6뿐이다. 세 수를 곱하면 12이며, 1씩 더한 뒤에 세 수를 더하면 (2 + 3 + 7) 역시 12가 되기 때문이다. 따라서 이 수학자의 세 아들은 1살, 2살, 6살이다.

14 4명의 여행자와 낡은 구름다리

언뜻 보기에는 건너는 속도가 가장 빠른 여행자가 나머지 3명을 건너편으로 데려다주는 것이 좋을 것 같다. 하지만 그렇게 되면 버스를 놓치고 만다. 25 + 20 + 10 = 55분이 아니라 가장 빠른 사람이 나머지 사람들을 데리러 가기 위해 혼자 두 번 되돌아가는 시간까지 모두 합치면 65분이기 때문이다. 그렇다면 어떻게 해야 시간 안에 모두가 다리를 건널 수 있을까?

해결의 열쇠는 가장 걸음이 느린 두 사람이 함께 다리를 건너는 것이다. 그러면 시간을 단축할 수 있다.

다음과 같이 문제를 해결해보자. 먼저 가장 빠른 두 사람이 손전등을 들고 다리를 건넌다. 그러면 10분이 소요된다. 이제 가장 빠른 사람이 손전등을 들고 다리 이편으로 돌아온다(5분이 소요된다). 이제 제일 느린 두 사람이 손전등을 들고 다리를 건넌다.

두 사람은 25분 동안 다리를 건넌 후 10분 걸리는 사람에게 손전등을 건네준다. 이 사람이 손전등을 들고 출발점에서 기다리는 제일 빠른 사람을 데리러 간다. 가장 빠른 두 사람이 다시 함께 다리를 건너오는 데까지 10 + 10 = 20분이 걸린다.

4명의 여행자가 모두 다리를 건너는 데 걸린 시간은 10 + 5 + 25 + 2 × 10 = 60분이다.

여행자들은 모두 버스를 놓치지 않고 탈 수 있다. 물론, 이들이 문제풀이에 시간을 거의 쓰지 않고 행동을 시작한다는 조건하에 말이다.

제1장
제2장
제3장
제4장
제5장
제6장
제7장
제8장
제9장

15 이리 뛰고 저리 뛰고… 벨로는 얼마나 날렸을까?

벨로는 총 10km를 뛰었다.

이 문제를 풀기 위해 두 주인 사이의 거리를 계산하고 벨로가 오간 거리를 각각 계산했다면 여러분이 문제를 너무 어렵게 푼 것이다. 더 쉬운 방법은 시간으로 벨로가 달린 거리를 계산하는 것이다.

남자와 여자가 길에서 만날 때까지는 시간이 얼마나 걸리는가? 두 사람은 합쳐서 1시간에 20km를 이동한다. 집에서 여자의 회사까지 거리가 10km이므로 두 사람은 출발한 지 정확히 30분이 되는 시점에 만난다. 그리고 벨로는 30분 동안 10km를 이동한다. 벨로의 뛰는 속도가 20km/h이기 때문이다. 문제가 어렵지 않다는 내 말에 동의하는가?

고양이는 목적지에 정확히 오전 9시 56분 15초에 도착한다.

한 번 도약할 때, 즉 1m를 간 후에, 고양이는 속도를 2배로 높인다. 15km/h의 속도로 뛴 후에는 30, 60, 120km/h 순서로 속도가 높아질 것이다. 출발한 후에 11m를 갈 때까지 고양이의 속도를 정리해보면 아래와 같다.

15km/h (0 - 1m)

30km/h (1 - 2m)

60km/h (2 - 3m)

120km/h (3 - 4m)

240km/h (4 - 5m)

480km/h (5 - 6m)

960km/h (6 - 7m)

1,920km/h (7 - 8m)

3,840km/h (8 - 9m)

7,680km/h (9 - 10m)

15,360km/h (10 - 11m)

…

이 고양이는 점점 더 빨라진다. 수학을 잘 안다면 이 고양이가 27m부터는 빛의 속도(시속 약 10억km—옮긴이)보다 빠르게 달린다는 사실을 쉽게 계산할 수 있다. 물론 현실 세계에는 물리적인 한계가 있으므로 이런 일이 일어날 수 없다.

제1장
제2장
제3장
제4장
제5장
제6장
제7장
제8장
제9장

다행히 빛의 속도까지 가기 전에 고양이는 목적지에 도달한다. 녀석이 깡통 소리를 들을 때마다(즉, 1m마다) 계속 속도를 2배로 높이므로 속도가 엄청나게 빨라지기 때문이다. 그런데 고양이의 속도가 초음속(시속 약 1,220km—옮긴이)을 넘어서면 깡통 소리를 더 이상 들을 수 없게 된다. 소리가 전파되는 속도보다 고양이가 더 빠르기 때문이다. 따라서 8m를 간 다음부터는 계속해서 1,920km/h로 달리게 된다.

만일 고양이가 1,800km의 거리를 처음부터 끝까지 1,920km/h로 달린다면 목적지에 도착하는 시간은 3,375초, 즉 56.25분이 될 것이다(0.25분은 15초다.—옮긴이). 출발해서 7m까지 뛰어야 이 속도를 내게 되므로 이 시간보다는 살짝 더 걸릴 것이다. 그 차이는 길어야 0.5초 정도로 워낙 짧기 때문에 무시해도 좋다.

그러므로 고양이는 오전 9시 56분 15초에 오슬로에 도착한다.

17 이어지는 숫자에서 빠진 숫자는 무엇일까?

빈칸에 들어갈 숫자는 417이다.

표에 나타난 숫자들을 유심히 들여다보면 숨은 규칙이 그리 간단하지 않다는 것을 알 수 있다. 일단 숫자들이 서로 더해져서 점점 커지는 것은 아니다. 그래도 이런저런 조합으로 계산하다 보면 가운뎃줄에 있는 숫자가 양옆 두 숫자의 합인 것을 알 수 있다. 물론 단순하지 않고 조금 특이한 방식의 덧셈을 해야 한다.

왼쪽 숫자의 십의 자릿수, 오른쪽 숫자의 일의 자릿수를 더해 새로 만들어질 숫자의 왼쪽에 쓴다. 이번에는 오른쪽 숫자의 일의 자릿수, 왼쪽 숫자의 십의 자릿수를 더해 새로운 숫자의 오른쪽에 쓴다.

그러면 빈칸에 들어갈 숫자는 왼쪽이 1+3=4, 오른쪽이 9+8=17이므로 417이 된다.

18 머리카락 개수가 똑같은 베를린 사람

이 문제는 읽는 순간부터 정답이 없을 것 같은 느낌이 든다. 베를린 사람들의 머리카락 수를 전부 세어봐야 하나? 아니, 전혀 그럴 필요가 없다. 여러분은 2개의 숫자만 기억하면 된다.

베를린의 인구는 몇 명인가? 350만 명.

사람의 머리카락은 몇 가닥이나 될까? 인터넷으로 검색해보면 대략 10만에서 15만, 많게는 20만 가닥이라는 수치가 나온다.

만약에 베를린의 인구가 20만 명보다 적다면 이론상 모든 사람의 머리카락 수가 다를 수 있다. 머리카락이 하나뿐인 사람부터 20만 가닥을 가진 사람까지 말이다. 그런데 베를린에는 350만 명이 살기 때문에 적어도 2명은 같은 수의 머리카락을 소유할 수밖에 없다(심지어 2명보다 더 많을 수 있다).

수학자들은 이런 풀이 방법을 '서랍의 원칙'이라 부른다. 사물을 여러 서랍에 나누어 넣는 것이다. 사물의 수가 서랍의 수보다 많은 경우, 적어도 한 서랍에는 반드시 2개의 사물이 들어간다는 원리다.

19 어떤 스위치를 눌러야 원하는 조명이 켜질까?

스위치가 2개고 조명이 2개라면 문제가 아주 쉬워진다. 스위치 하나만 켜고 1층에 다녀오면 된다. 불이 들어온 조명이 켜둔 스위치와 연결되면 나머지 조명이 꺼진 스위치와 연결된 것이 분명하기 때문이다.

하지만 우리에게 주어진 스위치는 3개다. 각각의 스위치와 연결된 조명을 확인하려면 1층에 두 번 다녀와야 한다. 다행히 조금만 머리를 굴리면 한 번만 올라가도 조명을 확인할 수 있다. 전구는 불이 켜지면서 따뜻해진다. 그러므로 스위치 1개를 1~2분가량

'켬'으로 두었다가 다시 '끔'으로 바꾼다. 이제 다른 스위치를 '켬'으로 바꾼다. 이제 빠르게 1층으로 올라가자. 꺼져 있지만 온기가 남아 있는 전구가 바로 우리가 처음 켰다 끈 스위치와 연결되고, 켜져 있는 전구가 방금 켜둔 스위치와 연결된다. 마지막으로 불이 들어오지 않고 차가운 전구가 달린 조명이 나머지 스위치와 연결된다. 확인 끝!

혹시 옛날 방식의 전구만 빛을 낼 때 뜨거워지며 요즘 전구들은 그렇지 않다고 생각하는 독자가 있을지 모르겠다. 최근에 많이 사용하는 에너지절약 전구나 LED 전구도 옛날 전구처럼 많이 뜨거워지진 않지만 약간의 발열은 있다. 그러므로 이 방법은 최신 전구를 설치한 건물에서도 문제없이 사용할 수 있다.

20 지금까지와는 조금 다른 분수 계산법

답은 999/1000이다.

이 계산에 우리가 사용할 비장의 무기는 다음 공식이다.

$$\frac{1}{a(a+1)} = \frac{1}{a} - \frac{1}{a+1}$$

이 공식을 이용해 999개의 분수를 모두 변형하면 $2 \times 999 = 1{,}998$개의 분수가 탄생한다. 그중에서 1,996개는 서로 부호(±)만 다른 값이라 삭제할 수 있다.

$$x = \frac{1}{1} - \frac{1}{2} + \frac{1}{2} - \frac{1}{3} + \frac{1}{3} - \frac{1}{4} + \cdots \frac{1}{998} - \frac{1}{999} + \frac{1}{999} - \frac{1}{1000}$$

합산돼 삭제된 값을 제외하면 맨 앞의 1/1과 맨 나중에 오는 1/1000, 2개의 분수만 남는다. 그러면 쉽게 계산할 수 있다.

$$x = \frac{1}{1} - \frac{1}{1000} = \frac{999}{1000}$$

21 도둑에게서 택배를 지키는 방법은?

허버트는 귀중한 다이아몬드 반지를 중간에 도둑맞지 않고 안겔리카에게 보낼 수 있다. 그런데 택배와 열쇠를 동시에 보내면 도둑이 상자를 열 수 있으므로 열쇠는 보낼 수 없다. 허버트에겐 반드시 여자 친구의 도움이 필요하다. 다음 순서를 따라 하면 안겔리카에게 반지를 안전하게 보낼 수 있다.

첫 번째 단계 허버트가 상자에 반지를 넣고 자신이 가진 자물쇠로 상자를 잠근다. 그 상자를 안겔리카에게 보낸다.

두 번째 단계 안겔리카가 상자를 받는다. 하지만 열쇠가 없으니 상자를 열 수는 없다. 이제 여자 친구의 도움이 필요한 순간이다. 안겔리카가 허버트의 자물쇠 위에 자신의 자물쇠를 추가로 채운다. 물론 처음부터 자물쇠를 거는 고리에 최소한 2개의 자물쇠를 걸 정도의 공간이 있어야 가능하다. 안겔리카가 2개의 자물쇠가 달린 상자를 다시 남자 친구에게 보낸다.

세 번째 단계 허버트가 자신의 자물쇠를 연다. 그러면 상자에는 이제 안겔리카의 자물쇠만 달려 있다. 이 상자를 다시 여자 친구에게 보낸다.

네 번째 단계 안겔리카가 자신의 열쇠로 자기가 걸었던 자물쇠를 열고 마침내 허버트가 보낸 아름다운 반지를 손에 끼워볼 수 있다.

다른 방법도 있다. 안겔리카가 먼저 일반 택배로 자신의 자물쇠를 열린 상태로 허버트에게 보낸다. 그러면 허버트가 그 자물쇠로 반지가 담긴 상자를 잠그고 여자 친구에게 보내면 안겔리카가 자물쇠를 열어 반지를 받아볼 수 있다.

그런데 이 방법이 성공하려면 두 가지 조건이 전제돼야 한다. 첫째, 열쇠가 없어도 안겔리카의 자물쇠를 잠글 수 있어야 한다. 둘째, 열린 자물쇠를 도둑들이 중간에 꺼내면 안 된다. 영리한 도둑이라면 열린 자물쇠를 보고 금세 허버트와 안겔리카의 계획을 알아챌 것이기 때문이다.

22 어떤 상황에서도 절대 움직일 수 없는 나이트

체스판에 세울 수 있는 나이트의 수는 32개다!

나이트가 움직이는 것을 관찰해보자. 나이트가 원래 서 있던 칸이 흰색이라면, 나이트는 반드시 검은색 칸에 도착한다. 반대로 검은 칸에 있었다면 흰 칸에 도착한다.

그러므로 모든 흰 칸을 나이트로 채우면 나이트는 다른 말을 공격할 수 없다. 검은 칸도 마찬가지다. 체스판에는 총 64개의 칸이 있으니 우리가 세울 수 있는 나이트의 수는 32개다.

이제 32개보다 더 많은 나이트를 세울 수 없다는 사실을 승명해보자. 이를 위해 4 × 2 칸짜리 체스판을 이용해보자.

이 판의 칸마다 숫자를 써본다. 어느 한 칸에 나이트를 세울 경우 그 나이트가 공격할

수 있는 칸에는 같은 숫자를 쓴다. 같은 수가 쓰인 칸에는 나이트를 동시에 세울 수 없다. 아래 표를 참고하라.

1	2	3	4
3	4	1	2

4×2칸짜리 체스판에는 최대 4개의 나이트를 세울 수 있다. 이 미니 체스판이 8×8칸짜리 체스판을 8개로 나눈 것이라고 생각하면 자동으로 커다란 원래의 체스판에는 최대 4×8＝32개의 나이트를 세울 수 있음을 알 수 있다.

23 더 느려야 이긴다. 어떻게 해야 할까?

현자가 두 사람에게 한 말은 한 문장이었다.

"말을 바꿔 타면 어떻겠습니까?"

문제가 너무 쉽게 해결되었다. 왕자들은 각자 형제의 말에 올라타서 최대한 빨리 달렸다. 그래야 자기 말이 더 늦게 도착할 수 있으니까.

한 난쟁이가 먼저 서고 다른 난쟁이가 그 옆에 선다. 나머지 난쟁이들은 차례대로 이어서서 일렬로 한 줄을 만든다. 그러는 동안 모자 색에 따른 분류까지 이루어지려면 난쟁이들은 다음 두 규칙에 따라 줄을 서야 한다.

첫 번째 규칙 앞에 선 난쟁이들의 모자 색이 모두 같으면 새로 줄을 서는 난쟁이는 줄의 맨 왼쪽이나 맨 오른쪽에 선다.

두 번째 규칙 앞에 선 난쟁이들의 모자 색이 서로 다르면 새로 줄을 서는 난쟁이는 모자 색이 서로 다른 두 난쟁이 사이에 들어가서 줄을 선다. 즉, 자신의 한쪽에는 흰색 모자가, 반대쪽에는 검은색 모자가 있도록 선다.

이런 방법으로 난쟁이들은 문제없이 모자 색대로 나누어 서는 데 성공했다.

25 　11g의 구슬이 들어간 저울을 찾아라!

우선 앞서 제1장 클래식 퀴즈의 초콜릿 문제에서 우리가 사용했던 전략이 이번에도 통하는지 시험해보자. 첫 번째 상자에서 구슬 1개를 꺼내고, 두 번째 상자에서 구슬 2개를 꺼내고, 세 번째 상자에서 구슬 3개, 네 번째 상자에서 구슬 4개, 다섯 번째 상자에서 구슬 5개를 꺼내 총 15개의 구슬을 한꺼번에 저울에 다는 것이다.

디지털 저울의 표시 창에는 최소한 $15 \times 10 = 150g$이 나타나야 한다. 만약 표시된 값이 151g이라면 첫 번째 상자에서 꺼낸 구슬만 더 무겁다는 결론을 내릴 수 있다.

그런데 153g이 표시된다면 두 가지 경우를 생각해야 한다. 세 번째 상자에서 꺼낸 구

슬 3개만 1g씩 더 무겁거나, 첫 번째와 두 번째 상자에서 꺼낸 구슬이 1g씩 더 무거울
수 있기 때문이다. 그러므로 클래식 퀴즈에서 사용한 방법을 이번에는 사용할 수 없
다. 하지만 상자에서 꺼내는 구슬의 수를 조금만 변경하면 문제를 해결할 수 있다.

요섬은 저울에 표시되는 무게가 어느 상자에 무거운 구슬이 들어 있는지를 명확하게
보여주어야 한다는 점이다. 이를 위해 이번에는 2의 지수를 활용해보자. 상자마다 아
래와 같은 수의 구슬을 꺼낸다.

첫 번째 상자 2^0 = 1개

두 번째 상자 2^1 = 2개

세 번째 상자 2^2 = 4개

네 번째 상자 2^3 = 8개

다섯 번째 상자 2^4 = 16개

이제 31개의 구슬을 저울에 올려놓고 $31 \times 10g = 310g$보다 무게가 얼마나 더 나가는
지 계산한다. 이 차이가 더 무거운 구슬이 담긴 상자를 한눈에 보여줄 것이다.

예를 들어 16g 차이가 난다면 다섯 번째 상자에 담긴 구슬들만 무게가 더 나가는 것이
다. 15g의 차이가 난다면 $1+2+4+8=15$이므로, 우리가 찾는 상자는 다섯 번째 상자
를 제외한 나머지 상자 전부다.

제1장

제2장

제3장

제4장

제5장

제6장

제7장

제8장

제9장

26 도둑맞은 그림 한 점, 과연 누가 도둑일까?

B만 진실을 말하고 있으며 A가 미술품 도둑이다.

이런 논리 문제는 논리학자들이 '진실의 표'라고 부르는 표를 그려서 하나씩 따져보면 답을 찾을 수 있다. 이 표는 모든 가능한 경우의 수를 담고 있으며, 우리는 이 표에서 각각의 경우의 수가 서로 논리적으로 일치하는지 확인할 수 있다. 진실의 표 활용법을 정확히 이해하기 위해 좀 더 구체적으로 살펴보자.

용의자 4명 중에 단 1명만 진실을 말하고 있다. 따라서 아래와 같은 네 가지 경우를 생각해볼 수 있다.

	첫 번째	두 번째	세 번째	네 번째
A	진실	거짓	거짓	거짓
B	거짓	진실	거짓	거짓

제1장

제2장

제3장

제4장

제5장

제6장

제7장

제8장

제9장

C	거짓	거짓	진실	거짓
D	거짓	거짓	거짓	진실

표의 세로 열은 가능한 경우의 수를 모두 표시한다. 우리가 할 일은 이제 네 용의자의 발언과 위의 네 가지 경우에 서로 모순이 있는지 확인하는 것이다. 때로는 둘 이상의 경우가 가능할 때도 있는데, 그러면 명백한 답이 존재하지 않는다.

다시 문제로 돌아가 4명의 발언을 살펴보자.

A) 저는 미술품을 훔치지 않았습니다.

B) A는 거짓말을 하고 있습니다!

C) B가 거짓말을 하고 있습니다!

D) B가 미술품을 훔쳤습니다.

첫 번째 경우 논리적으로 성립되지 않는다. 표에 따르면 B와 C가 둘 다 거짓말쟁이여야 한다. 그리고 B는 C가 거짓말을 하고 있다고 말한다. 그런데 C가 실제로 거짓말을 하고 있으므로 이 발언이 진실이다. 따라서 첫 번째 경우는 모순이다.

두 번째 경우 A가 거짓말을 하고 있으므로, A가 도둑이어야 한다. 나머지 용의자의 발언의 진실, 거짓 여부도 논리적으로 일치한다. 그러므로 B만 진실을 말하고 있다.

세 번째 경우 논리적으로 모순이다. A와 B는 둘 다 거짓말을 해야 한다. 그런데 B는 A가 거짓말을 하고 있다고 말한다. A가 거짓말을 하고 있으므로 이 발언은 진실이다.

명백한 모순이다.

네 번째 경우 세 번째 경우와 같은 이유로 이 경우도 모순이다. A와 B는 둘 다 거짓말을 해야 하지만, A가 거짓을 말하고 있으므로 B의 발언이 진실이다. 모순이다.

27 처음부터 끝까지 일관된 거짓말쟁이

세 번째 사람만 진실을 말하며 나머지 사람들은 거짓말을 하고 있다.

생각을 정리하기 위해 네 사람의 발언을 다시 들어보자.

> 첫 번째 사람) 우리 중 한 사람은 거짓말쟁이이다.
>
> 두 번째 사람) 우리 중 두 사람이 거짓말을 하고 있다.
>
> 세 번째 사람) 우리 중 세 사람이 거짓말을 하고 있다.
>
> 네 번째 사람) 우리 모두가 거짓말을 하고 있다.

이번 문제도 모든 가능성을 정리해 체계적으로 풀 수 있다. 첫 번째 사람의 발언이 거짓이고 나머지 사람은 진실을 말할 경우부터 시작해보자. 4명의 발언이 모순 없이 일치하는가? 아니면 첫 번째와 두 번째 사람이 거짓말을 하고 나머지 두 사람은 진실을 말할 경우를 들여다보자. 이 방법으로도 충분히 답을 찾을 수 있다. 하지만 16가지 경우 모두를 다 들여다보려면 꽤 긴 시간이 필요할 것이다.

이런 경우에 먼저 발언을 직접 비교하면 더 빨리 문제를 해결할 수 있다.

네 사람의 발언은 전부 서로 맞지 않는다. 그러므로 2명 미만의 사람이 거짓말을 한다고는 생각할 수 없다. 즉, 3명이 거짓말을 하거나 모두 거짓말을 하고 있을 것이다. 이렇게 하면 살펴봐야 할 경우의 수를 크게 줄일 수 있다.

그러면 모두가 거짓말을 하는 경우부터 살펴보자. 네 번째 사람의 발언 때문에 논리적인 모순이 생긴다. "우리 모두가 거짓말을 하고 있다."라는 그의 발언에 따르면 그도 거짓말을 해야 하는데, 만약 그가 거짓말을 한다면 이 발언은 진실이 되며, 그가 진실을 말한다면 그의 발언은 거짓이 되므로 논리적으로 모순이다. 따라서 이 경우는 답이 될 수 없다.

이제 남은 가능성은 3명이 거짓말을 하는 경우다. 그러면 3명이 거짓말을 하고 있다는 세 번째 사람의 발언이 진실이 된다. 그리고 이것이 이 문제에서 유일하게 가능한 경우다.

28   논리학자 세 사람이 술집에 간다면
점원은 논리학자 모두에게 맥주를 한 잔씩 가져다주어야 한다.

세 사람은 호프집에 들어가면서 각자 무엇을 마실지 전혀 이야기를 나누지 않았던 것으로 보인다. "세 분 모두 맥주를 드실 건가요?"라고 묻는 점원의 질문에 첫 번째 사람은 "저는 모르겠네요."라고 대답했다. 이를 통해 첫 번째 사람은 맥주를 마실 생각이라는 점을 알 수 있다. 마시지 않을 생각이었다면 "아니요."라고 대답했을 것이다. 왜냐하면 점원이 '세 분 모두' 마시냐고 물었기 때문이다. 그렇지만 아직 나머지 두 사람의 생각을 모르기 때문에 어쩔 수 없이 자신은 "모르겠네요."라고 대답한 것이다.

두 번째 학자가 마주한 상황은 조금 다르다. 그는 첫 번째 학자가 맥주를 마실 것이라는 사실을 알게 되었다. 두 번째 사람은 자신도 맥주를 마실 것이지만 아직 세 번째 사람의 의향을 모르기 때문에 "알 수 없어요."라고 대답했다. 만약 맥주를 마실 생각이 없었다면 "아니요."라고 대답했을 것이다.

이제 마지막 학자만 남았다. 그는 앞서 두 동료의 대답을 듣고 두 사람이 모두 맥주를 마실 것이라는 사실을 알았다. 그리고 자신도 맥주를 마실 생각이었기 때문에 "네!"라고 대답했다. 따라서 호프집 점원은 일행 전원에게 맥주를 한 잔씩 가져다주어야 한다.

29 이상한 마을에 있는 4개의 축구팀

250명의 마을 주민 중에서 50명은 상습적인 거짓말쟁이이고 200명은 진실을 말한다. 이 문제를 풀기 위해서는 우선 주어진 다음의 네 가지 질문에 거짓말쟁이와 정직한 주민이 어떻게 대답했을지 생각해보아야 한다.

> 1) 당신은 A팀에 소속돼 있습니까?
>
> 2) 당신은 B팀에 소속돼 있습니까?
>
> 3) 당신은 C팀에 소속돼 있습니까?
>
> 4) 당신은 D팀에 소속돼 있습니까?

거짓말을 못하는 주민은 하나의 질문에 (모든 주민은 4개의 축구팀 중 하나에 소속돼 있으므로) 그렇다고 대답했을 것이고 나머지 3개의 질문에는 아니라고 대답했을 것이다.

반면 거짓말하는 주민은 하나의 질문(자신이 진짜 소속된 팀에 대한 질문)에 아니라고 대답했을 것이며 다른 3개의 질문(자신이 소속되지 않은 팀에 대한 질문)에는 그렇다고 대답했을 것이다.

종합해보면 정직한 주민은 그렇다는 대답을 한 번, 거짓말하는 주민은 그렇다는 대답을 세 번 했을 것이다.

이제 정직한 주민의 수를 T로, 거짓말쟁이 주민의 수를 L로 표시하면 모든 그렇다는 대답의 수는 T+3L과 정확히 일치한다. 그렇다는 쉽게 계산이 가능하다.

1) 당신은 A팀에 소속돼 있습니까? 90명 × 그렇다

2) 당신은 B팀에 소속돼 있습니까? 100명 × 그렇다

3) 당신은 C팀에 소속돼 있습니까? 80명 × 그렇다

4) 당신은 D팀에 소속돼 있습니까? 80명 × 그렇다

그렇다는 대답은 90 + 100 + 80 + 80 = 350명이다. 또한 마을 주민이 250명이므로 T+L = 250명이다. 이렇게 해서 2개의 등식이 만들어졌다.

$$T+L = 250$$
$$T+3L = 350$$

2개의 식을 계산하면 2L = 100이며 따라서 L = 50이다. 그러므로 이 마을에 사는 거짓 말쟁이의 수는 50명이다.

30 저녁 식사 자리에 모인 거짓말쟁이들

테이블에 앉은 사람은 모두 10명이며, 이 중 5명은 거짓말쟁이이고 5명은 정직한 사람이다.

어떻게 알 수 있는가? 모든 사람이 양옆에 앉은 사람을 가리켜 거짓말쟁이라고 주장했다. 그렇다면 나란히 앉은 두 사람 중에서 1명은 거짓말쟁이이고 1명은 진실을 말하는 사람일 수밖에 없다.

거짓말쟁이는 자기 옆에 앉은 정직한 사람이 거짓말을 한다고 주장한다(이것은 거짓이다). 한편 정직한 사람은 자기 옆에 앉은 사람이 거짓말쟁이라고 주장한다(이것은 진실이다).

이를 감안하면 테이블에 거짓말하는 사람과 진실을 말하는 사람이 번갈아가며 앉아야 한다. 그리고 테이블이 타원형이며 모든 사람의 양옆에 사람이 앉았다고 했으니 테이블에 앉은 사람의 수는 짝수여야 한다. 아래의 그림을 참고하자.

만약 테이블에 앉은 모든 사람의 수가 홀수라면 나란히 앉은 두 사람이 둘 다 거짓말쟁이이거나 정직한 사람이 될 수 있다. 그러면 문제에서 제시한 조건과 맞지 않는다.

그렇다면 테이블에 둘러앉은 사람은 모두 몇 명일까? 문제에서 처음 발언한 사람은 테이블에 11명이 앉아 있다고 했다. 그러나 모든 사람의 수가 짝수가 돼야 하므로 이 사람은 거짓말쟁이이다. 반면 이 사람을 거짓말쟁이로 지목하며 테이블에 앉은 사람이 모두 10명이라고 말했던 사람은 정직한 사람이다.

제1장
제2장
제3장
제4장
제5장
제6장
제7장
제8장
제9장

31 외딴섬에 사는 거짓말쟁이 종족

다음 질문은 여러분을 원하는 목적지로 안내한다.

"당신이 속한 종족이 아닌 다른 종족 사람이라면 제가 성으로 가고 싶다고 할 때 저를 어느 방향으로 안내할까요?"

앉아 있던 남자가 거짓말쟁이 종족이라면 그는 잘못된 길을 안내해줄 것이다. 정직한 종족 사람은 옳은 길을 알려줄 것이므로 그 남자는 다른 길을 가리킬 것이기 때문이다.

반면 그 남자가 진실을 말하는 종족 사람이라도 역시 잘못된 길을 가리킬 것이다. 거짓말쟁이 종족이라면 잘못된 길을 알려줄 것이기 때문이다.

남자가 어느 종족에 속해 있든 상관없이 그는 우리의 질문에 항상 잘못된 길을 가리키게 된다. 우리는 올바른 길을 택해 성으로 가면 된다.

32 1명의 여행자, 2개의 질문, 그리고 세 유령

첫 번째 유령에게 여행자가 던져야 하는 질문은 이것이다.

"네가 아닌 다른 두 유령 중에서 어떤 유령이 진실을 말할 확률이 높은가?"

가능한 경우를 세 가지로 나누어볼 수 있다.

첫 번째 경우 질문을 받은 유령이 낮의 유령이라면 어스름의 유령을 가리킨다.

두 번째 경우 질문을 받은 유령이 밤의 유령이라면 진실을 말할 확률이 높은 유령은 낮의 유령이다. 하지만 밤의 유령은 항상 거짓을 말하므로 첫 번째 경우처럼 어스름의 유령을 가리킨다.

세 번째 경우 어스름의 유령이라면 진실을 말할 확률이 높은 유령은 낮의 유령이다. 하지만 질문을 받은 유령은 마음이 내키는 대로 진실 혹은 거짓을 말하므로 낮의 유령이나 밤의 유령 중 어느 하나를 가리킨다.

자, 이제 어떻게 해야 할까? 이 대답들을 자세히 살펴보면 어스름의 유령은 질문을 받은 유령(세 번째 경우)이거나 질문을 받은 유령이 가리키는 유령(첫 번째, 두 번째 경우)이다.
질문을 받은 유령과 이 유령에게 지목당한 유령을 제외하면 하나의 유령이 남는다. 여행자는 바로 이 유령에게 두 번째 질문을 던져야 한다. 왜냐하면 그 유령은 반드시 낮의 유령이거나 밤의 유령이기 때문이다.
두 번째 질문은 조금 복잡하지만 다음과 같다.
"네가 아닌 다른 두 유령 중에서 어스름의 유령이 아닌 유령은, 내가 숙소로 가는 길을 묻는다면 어느 길을 안내해줄까?"
이제 우리는 두 가지 경우를 예상할 수 있다.

첫 번째 경우 질문을 받은 유령이 낮의 유령인 경우. 어스름의 유령이 아닌 다른 유령은 밤의 유령이다. 밤의 유령은 잘못된 길을 알려줄 것이며, 따라서 낮의 유령은 밤의 유령이 알려주는 잘못된 길을 정직하게 가리킨다.

두 번째 경우 질문을 받은 유령이 밤의 유령인 경우. 어스름의 유령이 아닌 다른 유령은 낮의 유령이다. 낮의 유령은 바른 길을 안내할 것이다. 항상 거짓을 말하는 밤의 유령은 낮의 유령이 가리킨 길이 아닌, 잘못된 길을 가리킨다.

두 경우 모두 질문을 받은 유령은 잘못된 길을 가리킬 것이다. 따라서 여행자는 유령이 가리키지 않은 올바른 길을 택해 재빨리 숙소를 찾아가면 된다.

33 단 한 문장으로 곤경에 빠진 현자

다양한 질문을 생각해볼 수 있으며, 질문은 결국 모두 비슷하게 적용된다. 내가 제안한 질문은 이렇다.

"이 질문에 '아니다'라고 대답할 것인가요?"

만약 현자가 "아니다."라고 대답한다면 그는 "아니다."라고 대답하는 동시에 질문의 내용과 일치하게 대답하므로 모순이다. 만약 현자가 "그렇다."고 대답한다면 그는 "그렇다."고 대답하는 동시에 질문이 요구하는 내용에 반해 대답하게 되므로 역시 모순이다.

이 문제는 '거짓말쟁이의 역설'Liar Paradox 과 연관돼 있다. 누군가 "나는 거짓말을 하고 있다."고 말한다면 그는 스스로 모순에 빠지는 셈이다. 발언하는 문장의 내용이 발언하는 화자의 행동을 묘사하기 때문이다. 거짓말을 한다는 사람의 말이 거짓이라고 가정해보자. 그러면 그의 말이 거짓이므로 그가 말한 문장은 진실이 된다.

반면에 거짓말을 한다는 사람의 말이 진실이라고 한다면 이 상황은 역설적인 상황이 된다. 그가 말하는 "나는 거짓말을 하고 있다."는 내용이 맞지 않기 때문이다.

이러한 원리에 따르면 "이 문장은 틀렸다."는 문장도 역설을 일으킨다. 이것도 거짓말쟁이의 역설이다. 문장이 담고 있는 내용이 문장이 처한 상황을 설명하기 때문이다.

〈슈피겔 온라인〉 독자들도 답으로 미래를 예측하는 여러 가지 질문을 제안했다. 예를 들면 "내일 비가 올까요?" 같은 질문들이었다. 오스트리아의 대표적인 물리학자 에르빈 슈뢰딩거Erwin Schrodinger 의 유명한 사고 실험도 있다. '슈뢰딩거의 고양이'로 알려진 사고 실험의 질문은 "청산가리가 든 병과 함께 상자에 갇힌 고양이는 살아 있을까, 죽어 있을까?"다. 하지만 심각하게 따지면 현자가 모든 지식을 알고 있다고 했기 때문에 (물리학 법칙에 어긋나는지와 상관없이) 현자는 이런 질문에 답을 할 수 있다.

더 좋은 종류의 질문은 다음과 같다.

"당신은 거짓말을 하면 얼굴이 빨개지나요?"

현자는 거짓말을 하지 않기 때문에 거짓말을 한 적이 없으며 따라서 답을 알 수 없다. 이 질문에 어떤 독자는 "나는 그것을 모른다."가 정답이라고 주장했다. 그렇다면 모든 지식을 안다는 현자의 명성이 땅에 떨어지지 않을까?

34 ___ 난파 중에 만난 세 사람 중 누가 거짓말쟁이일까?

표류하는 남자는 중간에 선 사람을 믿을 수 있다.

남자가 맨 처음 어떤 사람에게 질문을 했건 돌아오는 대답은 똑같다.

"저는 정직한 사람입니다."

정말 정직한 사람이라면 진실을 이야기할 것이고, 거짓말쟁이라면 거짓으로 자신이 정직하다고 주장할 것이기 때문이다. 그러므로 중간에 서 있는 형체는 진실을 말한 것이고, 정직한 부류에 속한다. 자동으로 오른쪽에 선 사람이 거짓말쟁이이다. 그는 자신이 정직하다고 주장하며 다른 두 사람이 거짓말쟁이라고 했기 때문이다.

지금까지의 내용으로 미루어 남자는 중간에 선 사람을 믿을 수 있고 오른쪽에 선 사람을 믿을 수 없다.

아쉽지만 왼쪽 사람이 어떤 부류인지는 여전히 불분명하다. 그는 거짓말쟁이일 수도 있지만 정직한 사람일 수도 있다. 어째서일까? 오른쪽 사람의 발언("나머지 2명은 거짓말쟁이입니다.")은 두 사람이 다 정직한 사람일 경우에도 거짓이지만 한 사람이 정직하고 다른 한 사람이 거짓말쟁이일 때에도 거짓이기 때문이다.

제1장
제2장
제3장
제4장
제5장
제6장
제7장
제8장
제9장

35 3명의 죄수와 모자 5개

죄수들은 수감번호 111, 222, 333번을 달고 있다고 가정하자. 처음 질문을 받은 333번 죄수는 다른 두 죄수가 흰색 모자를 쓰고 있는 것을 본다. 따라서 자신이 쓴 모자는 흰색이나 검은색일 가능성이 있다. 그러나 111번과 222번 죄수의 대답을 들어보기 전까지는 자신이 쓴 모자가 흰색이라는 사실을 유추할 수 없다.

이 문제에 숨은 논리를 이해하려면 우리가 직접 3명의 죄수가 돼야 한다. 이때 죄수들은 모두 다른 죄수에 대한 정보를 가지고 있음을 기억하자.

333번 죄수의 시점에서 111번과 222번이 쓰고 있는 모자 색은 의심의 여지없이 둘 다 흰색이다. 333번 죄수 자신이 쓴 모자 색에 대해서는 검은색과 흰색, 두 가지 가능성이 존재한다. 이 경우들을 하나씩 살펴보자.

첫 번째 경우 333번이 쓴 모자가 흰색인 경우

111번 죄수는 다른 두 죄수가 흰색 모자를 쓴 것을 보고 당연히 이렇게 대답한다.

"저는 모릅니다."

왜냐하면 그의 모자가 흰색이거나 검은색일 수 있기 때문이다.

222번 죄수 역시 2개의 흰색 모자를 본다. 그의 입장에서 생각해보자. 자신은 흰색이나 검은색 모자를 쓰고 있을 것이다. 방금 전 111번 죄수는 2개의 흰색 모자를 보거나 흰색 모자 1개와 검은색 모자 1개를 보았을 것이다. 어떤 경우든지 111번 죄수는 같은 대답을 할 수밖에 없었다.

"저는 모릅니다."

111번 죄수의 대답은 222번 죄수에게도 아무런 실마리를 주지 못한다. 따라서 222번 역시 이렇게 대답한다.

"저는 모릅니다."

333번 죄수의 모자 색상은 아직 알 수 없다. 111번과 222번의 대답을 들으면 333번 역시 흰색 모자를 썼을 거라고 짐작할 수 있지만 아직 증명할 방법이 없다. 궁금하더라도 꾹 참고 두 번째 경우도 마저 자세히 살펴보자.

두 번째 경우 333번이 쓴 모자가 검은색인 경우

111번 죄수는 다른 두 죄수가 검은색 모자와 흰색 모자를 쓴 것을 보고 당연히 이렇게 대답한다.

"저는 모릅니다."

그의 모자가 흰색이거나 검은색일 수 있기 때문이다.

222번 죄수는 흰색 모자(111번)와 검은색 모자(333번)를 본다. 111번의 대답을 들은 222번은 자신이 흰색 모자를 썼음을 알 수 있다. 왜냐하면 자신의 모자가 검은색이라면 111번 죄수가 222번과 333번이 쓴 2개의 검은색 모자를 보았을 것이기 때문이다. 교도관이 가져온 검은색 모자는 2개밖에 없으므로 111번 죄수는 자신이 흰색 모자를 썼음을 알아채고 흰색이라고 대답했을 것이다.

하지만 그가 그렇게 하지 않았기 때문에 222번은 자신의 모자가 흰색임을 확신할 것이다. 그런데 222번이 "흰색"이라고 대답하지 않고 "저는 모릅니다."라고 대답했다. 이를 통해 우리는 333번 죄수가 검은색 모자를 쓰고 있지 않음을 추리할 수 있다. 그렇지 않다면 222번 죄수가 자신이 쓴 모자 색상을 맞췄을 것이기 때문이다.

그러므로 우리는 333번 죄수가 검은색 모자를 썼다는 가정이 잘못되었음을 알 수 있

다. 나머지 두 죄수 111번과 222번의 발언과 모순되기 때문이다. 두 번째 경우가 불가능하므로 333번 죄수의 모자 색상은 흰색일 수밖에 없다.

36 파산 위기에 놓인 왕국에서 일자리를 유지하는 방법

가장 키가 큰 논리학자는 자신이 쓴 모자 색을 알 수 없다. 하지만 나머지 9명이 쓴 모자를 한눈에 볼 수 있기 때문에 동료들에게 도움이 되는 대답을 할 수 있다. 문제는 그도 다른 동료들처럼 '흰색' 또는 '검은색'으로만 대답할 수 있다는 점이다. 만약 검은색 모자의 수가 몇 개라는 등 숫자를 말할 수 있다면 문제를 한층 쉽게 풀었을 것이다.

흰색이나 검은색 단 2개의 단어로 암시적으로 전달할 수 있는 정보는 무엇일까? 논리학자들이 사용한 전략은 이랬다.

가장 키가 큰 논리학자는 자신의 눈에 보이는 모자 중에 검은색 모자가 홀수면 '검은색'이라 말하고 짝수면 '흰색'이라 말하기로 했다.

키 큰 논리학자의 대답은 자신의 모자 색상과는 관련이 없다. 어차피 알아낼 수도 없다. 그의 대답은 다른 9명의 논리학자가 쓴 모자 색상을 알아내는 데만 도움을 준다. 다음 그림을 보면서 확인해보자.

맨 왼쪽에 선 키 큰 논리학자는 3개의 검은색 모자를 본다. 홀수다. 따라서 그는 '검은

색'이라고 대답한다. 검은색 모자가 짝수라면 '흰색'이라고 말할 것이다.

이제 왼쪽에서 두 번째 논리학자는 자신을 포함한 9명이 쓴 모자 중 검은색 모자가 홀수라는 사실을 안다. 그리고 이 그림에서는 자신도 홀수의 검은색 모자를 본다. 따라서 자신은 분명 흰색 모자를 쓰고 있으므로 '흰색'이라고 답한다.

왼쪽에서 세 번째 사람은 2개, 즉 짝수의 검은색 모자를 본다. 두 번째 사람이 본 검은색 모자가 모두 홀수였으므로 세 번째 사람은 검은색 보사를 쓰고 있다. 그래서 그는 '검은색'이라고 답한다. 나머지 7명의 논리학자들은 그의 대답을 듣고 짝수의 검은색 모자가 남았음을 짐작한다.

왼쪽에서 네 번째 논리학자는 1개의 검은색 모자만을 본다. 홀수다. 세 번째 사람이 본 검은색 모자는 모두 짝수였다. 따라서 네 번째 사람도 검은색 모자를 쓴 것이 분명하므로 '검은색'이라고 대답한다. 그 결과 나머지 6명의 논리학자들은 홀수의 검은색 모자가 남았음을 알게 된다.

왼쪽에서 다섯 번째 사람은 1개의 검은색 모자를 본다. 여전히 홀수다. 네 번째 사람의 검은색 모자를 제외하면 홀수의 검은색 모자가 남아야 한다. 그러므로 다섯 번째 사람이 쓴 모자는 흰색이다.

제1장

제2장

제3장

제4장

제5장

제6장

제7장

제8장

제9장

여섯 번째 사람도 똑같이 생각한다. 그래서 역시 '흰색'이라고 대답한다.

일곱 번째 사람의 경우도 똑같다.

여덟 번째 사람도 마찬가지다.

제1장

제2장

제3장

제4장

제5장

제6장

제7장

제8장

제9장

아홉 번째 사람도 마찬가지 이유로 '흰색'이라고 대답한다.

10명의 논리학자들 중 가장 키가 작은 마지막 사람은 다른 사람들이 이제까지 한 대답을 주의 깊게 들었다. 그러므로 자신의 뒤에 선 5명이 모두 홀수의 검은색 모자를 보았으며 모두 흰색 모자를 썼다는 사실을 알고 있다. 그렇다면 마지막 사람인 자신이 쓴 모자는 검은색이 분명하다. 이렇게 하면 10명 중 적어도 9명이 그들이 쓰고 있는 모자 색상을 정확히 맞히게 된다.

37　스머프들이 풀려나려면 어떻게 해야 할까?

포로 스머프들은 수를 세는 스머프를 하나 정하고 다음처럼 규칙을 정했다. 수를 세는 스머프를 제외한 나머지 스머프들은 강당에 갔을 때 전구가 켜져 있으면 아무 조작도 하지 않는다. 하지만 전구가 꺼져 있으면 전구를 켠다. 단, 그 스머프가 불이 꺼진 강당에 처음 갔을 경우에만 그렇게 한다. 즉, 모든 스머프는 한 번씩만 전구를 켤 수 있다. 수를 세는 스머프만은 다르게 행동한다. 이 스머프는 전구가 켜져 있으면 항상 전구를 끈다. 강당에 전구가 꺼져 있으면 아무 조작도 하지 않는다. 수를 세는 스머프는 계속해서 자신이 전구를 끈 횟수를 세야 한다. 100번째로 전구를 끄는 순간, 그 스머프는 다른 99마리의 스머프가 최소한 한 번씩 강당에 왔었다는 사실을 확신할 수 있다.

제1장

제2장

제3장

제4장

제5장

제6장

제7장

제8장

제9장

제4장

선으로
이루어진 문제

38 1개의 정사각형으로 2개의 정사각형 만들기

하나의 나무판에서 나올 수 있는 최소의 조각은 4개다. 다음 그림에서 어느 곳을 절단
했는지 확인하라.

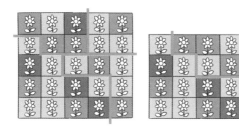

독자들이 보내준 다른 방법도 있다. 역시 좋은 답들이다.

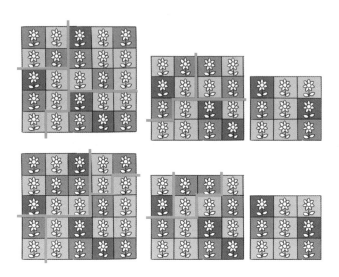

위의 두 경우는 3×3 판을 통째로 잘라내는 방법을 택했다. 나머지 부분을 자르는 방법만 조금씩 다르다.

39 원기둥을 감고 있는 빈틈없는 나선의 길이는?

나선의 길이는 18.6cm이다.

이 문제가 어려운 이유는 나선이 삼차원적인 형태를 하고 있기 때문이다. 하지만 이 문제를 아주 쉽게 풀 수 있는 방법이 있다. 돌돌 말린 나선을 평면으로 펴는 것이다. 나선이 기둥을 완벽하게 다섯 번 휘감고 있기 때문에 우리는 기둥을 다섯 번 펼칠 것이다. 그러면 원기둥에서 펼쳐진 평면의 너비는 원기둥 둘레의 5배가 될 것이다.

원기둥을 펼치면 하나의 직선이 드러난다. 이 직선은 펼쳐진 사각 평면을 대각선으로 가로지른다. 다음 그림을 참고하라.

제1장

제2장

제3장

제4장

제5장

제6장

제7장

제8장

제9장

펼쳐진 사각형 평면의 세로 길이는 원기둥의 길이와 같고, 가로 길이는 원기둥 둘레의 5배다. 피타고라스의 정리($a^2 + b^2 = c^2$)를 이용하면 대각선의 길이를 구할 수 있다. 원기둥 길이의 제곱 더하기 원기둥 둘레의 5배의 제곱은 나선 길이의 제곱이다.

$$\text{나선의 길이} = \sqrt{10 \times 10 + 5 \times 3.14 \times 5 \times 3.14}\,\text{cm}$$

$$\text{나선의 길이} = \sqrt{100 + 246.7}\,\text{cm}$$

$$\text{나선의 길이} = \sqrt{346.7}\,\text{cm}$$

이를 계산하면 답은 18.6cm이다.

40 원은 열린 도형일까, 닫힌 도형일까?

1/4원을 4개 만들어 완전한 원을 그려보면 문제를 파악하는 데 도움이 된다. 다음 그림을 참고하라. 커다란 원의 반지름을 r이라고 하자. 그러면 4개의 작은 원의 지름도 r이 된다. 반지름이 r인 원의 면적을 계산하는 공식은 $\pi \times r^2$이다. 파이(π)는 원주율이다. 이 문제를 풀기 위해 우리가 알아야 할 지

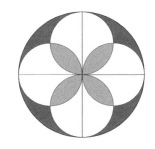

식은 이게 전부다.

커다란 원의 면적은 $\pi \times r^2$이다. 하지만 이것을 다음 면적들의 합으로 볼 수도 있다.

- 4개의 어두운 회색 부분
- 4개의 작은 원의 면적 – 4개의 밝은 회색 부분

밝은 회색 부분의 면적을 빼야 하는 이유는 작은 원들이 그 부분만큼 겹치기 때문이다. 4개의 흰색 원의 총 면적은 다음과 같다.

$$4 \times \pi \times \left(\frac{r}{2}\right)^2 = 4 \times \pi \times \frac{r^2}{4} = \pi \times r^2$$

이것은 커다란 원의 면적과 같다.

이 결과만 봐도 직관적으로 어두운 회색 부분과 밝은 회색 부분의 면적이 같다는 것을 눈치챌 수 있다. 식으로 계산해보면 다음과 같다.

$$\pi \times r^2 = 4 \times \text{어두운 회색 부분} + \pi \times r^2 - 4 \times \text{밝은 회색 부분}$$

또는 다르게 쓸 수도 있다.

$$\pi \times r^2 = \pi \times r^2 + 4 \times \text{어두운 회색 부분} - 4 \times \text{밝은 회색 부분}$$

이제 양변의 $\pi \times r^2$을 지우고, 모든 항을 4로 나누면 다음과 같은 식을 얻을 수 있다.

어두운 회색 부분 = 밝은 회색 부분

41 끝없이 이어진 복도 위에 타일을 붙이자

전체 면적 대비 검은색 부분의 비율은 1/13이다.

바닥에는 1개의 흰색 타일당 2개의 검은색 타일이 깔린다. 그 이유는 하나의 육각형과 2개의 삼각형이 합쳐진, 약간 찌그러진 팔각형 타일이 깔렸다고 생각해보면 알 수 있다. 다음 그림을 보자.

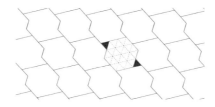

이제 바닥에 동일한 형태와 크기의 팔각형 타일이 빈틈없이 깔린 것을 생각해보자. 만약 전체 바닥 면적 중 검은색 타일의 비율을 알고 싶다면 찌그러진 팔각형 타일에서 검은색 삼각형이 차지하는 면적을 계산하면 된다.

팔각형 속에는 2개의 검은색 삼각형과 1개의 흰색 육각형이 존재한다. 육각형은 더 세분화해서 쪼갤 수 있다. 우선 6개의 삼각형으로 나눈 뒤 각각의 삼각형을 다시 4개의 삼각형으로 나눈다. $6 \times 4 = 24$의 작은 삼각형들의 크기는 정확히 검은색 삼각형 타일의 크기와 같다. 위의 그림을 참고하라.

찌그러진 팔각형은 24개의 흰색 삼각형과 2개의 검은색 삼각형으로 이루어지며 크기

제1장
제2장
제3장
제4장
제5장
제6장
제7장
제8장
제9장

는 모두 똑같다. 따라서 바닥 면적 대비 검은색 부분의 비율은 다음과 같다.

$$\frac{2}{24+2} = \frac{2}{26} = \frac{1}{13}$$

42 산술과 기하학을 이용해 반원의 반지름 구하기

반원의 반지름은 25cm이다.

반원의 지름을 한 변으로 하는 삼각형을 그려보자. 탈레스의 증명(반원에 내접하는 각은 직각이다.—옮긴이)에 따르면 이 삼각형은 직각삼각형이며 삼각형 ABD와 삼각형 BCD가 닮은꼴이므로 두 삼각형을 이루는 변들의 관계가 같을 수밖에 없다. 삼각형 ABD의 직각을 이루는 두 변의 길이는 3배의 차이가 있다. 그렇기 때문에 삼각형 BCD의 직각을 이루는 두 변 중 긴 변, 즉 직선 DC의 길이도 짧은 변의 3배이므로 3×15 = 45cm이다. 그러므로 반원의 지름은 5 +45 =50cm, 반지름은 25cm가 된다.

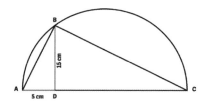

43 농부와 나무 한 그루, 삼각형 목장

이 문제를 푸는 방법은 여러 가지가 있다. 그중 가장 우아한 방법은 다음과 같다.

우선 X지점과 A를 서로 연결한다. 그 다음 BC선의 중간 지점 M을 표시한다. 컴퍼스와 자가 있다면 여기까지 무리 없이 따라올 수 있을 것이다. 이제 M지점부터 시작하는 직선을 긋는데, 이 직선은 AX선과 평행이 돼야 한다. 이 직선과 AB선이 만나는 지점이 바로 우리가 찾는 Y지점이다.

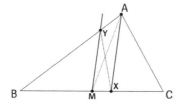

어째서일까? 삼각형 ABM과 AMC는 면적이 동일하다. 사다리꼴 AYMX 내부에 2개의 대각선을 그려보면, 삼각형 AYM과 YMX의 면적 역시 같다는 것을 알 수 있다. 따라서 삼각형 YBX는 삼각형 ABM과 같은 면적이며 사각형 AYXC와도 같은 면적이다.

44 삼각형과 사각형, 2개의 피라미드 만들기

정답은 5개다. 그러나 문제가 분명하지 않은 부분이 있어서 엄밀히 말하면 8개도 답이될 수 있다.

수많은 학생이 답으로 7개를 선택했다. 그리고 이것이 문제 출제자가 처음에 생각했던 오답이었다. 설명은 이렇다. 5개의 면을 가진 도형과 4개의 면을 가진 도형을 붙이면 2개의 면이 두 도형이 서로 맞닿은 면이 되면서 도형의 내부로 사라진다. 따라서 답은 5 + 4 − 2 = 7개다.

그런데 이 답이 논란을 일으켜 시험 출제자들이 열띤 토론까지 해야 했다. 만들어진 도형의 두 면에 각각 2개의 삼각형 면이 나란히 이어지는 경우가 생겼기 때문이다.

이 경우를 잘 이해하려면 사각형 바닥을 가진 피라미드를 하나 더 만들어서 원래의 사각형 바닥 피라미드 옆에 붙여야 한다. 다음 그림은 그렇게 붙인 2개의 피라미드를 투명하게 나타낸 것이다.

제1장

제2장

제3장

제4장

제5장

제6장

제7장

제8장

제9장

두 피라미드의 사이에는 정사면체 피라미드가 꼭 맞게 들어간다. 이것이 두 피라미드의 뾰족한 정점 사이를 위부터 아래까지 빈틈없이 채우면 마치 텐트나 천막과 같은 형태가 만들어진다.

자, 지금부터가 중요하다. 1개의 회색 면과 나란히 이어지는 2개의 흰색 면은 동일 선상에 있으며, 텐트 형태의 앞면과 뒷면을 이룬다.

이제는 추가했던 흰색 피라미드 하나를 다시 치워보자. 남아 있는 2개의 피라미드가 만든 도형이 바로 이 문제에서 묻는 도형이다. 이 도형의 면의 개수는 7개가 아니라, 7 - 2 = 5이다. 왜냐하면 앞뒤로 2개의 삼각형 면이 서로 이어지며 1개의 커다란 면을 만들기 때문이다.

그렇다면 8개라는 답은 어떻게 나왔을까? 이론적으로는 사각형을 바닥으로 하는 피라미드 속에 정사면체를 넣을 수 있다. 그러면 정사면체의 뾰족한 정점이 피라미드를 뚫고 나올 것이다. 정사면체의 정점에는 3개의 면이 있으므로 5 + 3 = 8개의 면이 생길 수 있다.

1980년의 시험 결과는 나중에 조정되었다. 24만 명의 학생이 a번 선택지(5개)를 선택했다. 그리고 오답이었던 c번 선택지(7개)도 정답으로 간주하기로 했다.

아주 소수의 학생이 선택한, 이론적으로만 가능한 선택지 d번(8개)은 조정 이후에도 오답으로 결정되었다. 이 결정에 대해 미국 콜롬비아 대학의 한 의과 대학생이 한 말이 〈뉴욕타임스〉에 실려 흥미를 끌었다.

'데이비드 포레스트는 이번 오답 결정이 "항상 모든 것에는 내부가 있다고 생각하는 미래의 내과 의사와 정신분석가 들을 차별한 것."이라고 주장했다.'

45   정육면체에서 꺾인 선의 각도를 구할 수 있을까?

두 직선 사이의 각도는 60도와 120도다.

대부분의 도형 문제에 사용할 수 있는 간단한 비법을 하나 소개한다. 이번 문제 같은 경우에는 두 정육면체의 다른 면까지 직선을 연장해서 그려볼 수 있다. 그러면 첫 번째 문제에서는 정삼각형, 이어지는 문제에서는 정육각형이 만들어진다. 그 결과 각도에 대한 문제는 아주 쉽게 답할 수 있다.

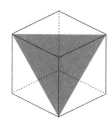

정육면체를 조금 돌려 세 번째 대각선을 그어 세 직선을 연결하면 정삼각형이 만들어진다. 문제에서 묻는 각도는 정삼각형의 내각이므로 60도다.

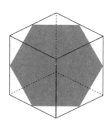

추가 문제에선 정삼각형이 아니라 정육각형이 만들어진다. 따라서 우리가 원하는 답은 정육각형의 내각인 120도다.

위 그림에서 검게 표시한 도형을 절단면으로 볼 수도 있다. 만약 두 정육면체에 그은 선대로 정육면체를 잘라낸다면 정삼각형과 정육각형인 절단면이 나올 것이다.

46 반지름이 2인 원반을 덮은 반지름이 1인 원반의 개수는?

답은 7개다.

우선 반지름이 1인 원반들로 커다란 원반의 가장자리 곡선을 전부 덮어야 한다. 그러기 위해 필요한 원반은 모두 6개다.

5개로는 전부 덮을 수가 없다. 반지름이 1인 원반 하나는 최대 2만큼의 길이까지만 덮을 수 있기 때문이다. 커다란 원반을 조금 변화시키면 전체 원주로부터 하나의 정육각형을 그릴 수 있다.

원의 곡선을 전부 덮으려면 적어도 6개의 작은 원반이 필요하다. 나머지 하나의 원반으로 커다란 원반의 중심 부분을 딱 맞게 가릴 수 있다.

다음 그림에서 보듯이 7개의 원반으로 커다란 원반을 완전히 덮을 수 있다.

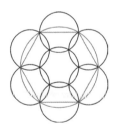

(저자가 설명하지 않았지만 원에 내접하는 정육각형 한 변의 길이는 원의 반지름과 같다. 이 사

실을 이용하면 큰 원의 가장자리를 6개의 원반이 가리는 것은 물론, 마지막 원반이 중심 부분을 딱 맞게 가리는 것도 이해할 수 있다.―옮긴이)

47 정육면체 안에 정확히 들어가는 구

작은 구의 반지름은 $a(\sqrt{3}-1)/2(\sqrt{3}+1)$이다.

우선 구의 표면에서부터 정육면체의 모서리까지 거리를 계산한다. 원의 중심부터 모서리까지의 거리는 $\sqrt{3}\times a/2$이다.

따라서 구의 표면부터 모서리까지의 길이는 $\sqrt{3}\times a/2 - a/2 = a/\{2(\sqrt{3}-1)\}$이다.

이 길이를 작은 구의 반지름 r로 표현해볼 수 있다. $r+\sqrt{3}r$이다. 그러므로 다음과 같이 쓸 수 있다.

$$\frac{a}{2}(\sqrt{3}-1) = r(\sqrt{3}+1)$$

$$r = \frac{a(\sqrt{3}-1)}{2(\sqrt{3}+1)}$$

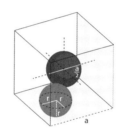

48 카펫으로 덮을 수 있는 모든 것

그렇다. 여러분의 짐작대로 이 문제를 풀 수 있다. 가장 정석인 답은 $6\times 6m$짜리 커다란 카펫을 계단 모양으로 잘라내는 것이다. 다음 그림을 순서대로 참고하자.

제1장
제2장
제3장
제4장
제5장
제6장
제7장
제8장
제9장

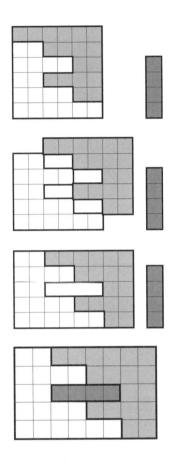

이 문제는 특히 어려운데 카펫을 어떻게 잘라야 할지 감이 잘 오지 않기 때문이다. 지그재그로 잘라야 할까? 아니면 아예 대각선으로?

내가 이 카펫 퍼즐을 처음 본 곳은 스위스의 수학퀴즈 홈페이지였다. 원래는 너 어려웠다. 2장의 카펫 크기가 이 문제에서보다 더 컸고, 직각으로 잘라도 된다는 힌트가 전혀 없었다.

제5장

제1장

제2장

제3장

제4장

제5장

제6장

제7장

제8장

제9장

제 5 장

숫자로 하는 두뇌게임

49 4인으로 이루어진 가족의 나이 알아맞히기

딸들의 나이는 각각 5세, 10세이며, 아버지와 어머니의 나이는 31세와 29세다.

먼저 나이를 모두 곱한 수인 44,950을 소인수(주어진 자연수를 나누어떨어뜨리는 약수 중 소수인 약수―옮긴이)로 나누어보자.

$$44{,}950 = 31 \times 29 \times 5 \times 5 \times 2$$

이론적으로 두 자녀는 모두 1살이거나 둘 중 하나만 1살일 수 있다. 그러므로 위의 식에 2개의 1을 곱해준다.

$$44{,}950 = 31 \times 29 \times 5 \times 5 \times 2 \times 1 \times 1$$

부모의 나이차가 2살이므로 자연스럽게 31과 29를 부모의 나이로 결정할 수 있다. 다른 조합으로는 2살 차이가 나는 정수 2개가 나오지 않는다.

이제 아이들의 나이를 곱한 수 $5 \times 5 \times 2 \times 1 \times 1$이 남는다. 이론적으로는 25와 2, 10과 2 그리고 50과 1도 가능하다. 하지만 부모의 나이(31세와 29세)를 감안하면 가능한 것은 10세와 5세뿐이다.

50 무작위로 배열된 숫자, 빠진 숫자는 무엇일까?

물음표가 있는 칸에 들어갈 숫자는 6이다.

십자 형태의 표에서 검은 사각형 칸에 있는 수는 맞닿은 하얀 사각형 칸에 있는 수를 계산해 나온 수인 것 같다.

어떤 규칙이 사용되었는지 알아보기 위해 왼쪽 윗부분 검은 칸에 있는 4를 관찰해보자. 4와 맞닿은 칸은 바로 옆에 있는 칸(2와 3)과 대각선으로 붙어 있는 칸(1과 9)이다. 아래 그림에서 어두운 회색 원으로 표시한 대각선 숫자들을 곱하면 $1 \times 9 = 9$이다. 이제 바로 옆 칸들의 숫자(밝은 회색 원)를 더한 수, 즉 $2 + 3 = 5$를 아까의 숫자에서 빼면 4를 얻을 수 있다.

위 내용을 식으로 표현하면 $(1 \times 9) - (2 + 3) = 9 - 5 = 4$이다.

같은 방법으로 4 옆의 물음표가 표시된 칸에 들어갈 수를 계산하면 다음과 같은 식을 얻을 수 있다.

$$(3 \times 7) - (9 + 6) - 21 - 15 = 6$$

51 고장 난 계산기로 수학 문제를 풀 수 있을까?

6 + 2 = 47이다.

계산기가 내놓는 결과를 유심히 살펴보면 어떤 규칙이 있음을 알아챌 수 있다.

$$8 + 3 = \quad 510$$
$$9 + 1 = \quad 89$$
$$18 + 7 = 1,124$$
$$12 + 4 = \quad 815$$
$$6 + 2 = \quad ?$$

등식의 왼쪽에 있는 2개의 숫자 8과 3으로 두 가지 결과를 계산할 수 있다. 계산기는 이 두 결과를 나란히 쓰고 표시한 것이다. 우선 두 숫자를 빼보자. 그러면 다음과 같은 결과를 얻는다.

$$8 - 3 = 5$$

이번에는 두 숫자를 더한 뒤 1을 빼보자.

$$8 + 3 - 1 = 10$$

이제 결과인 5와 10을 나란히 쓰면 510이 된다.

6 + 2의 경우에는 6 - 2 = 4 및 6 + 2 - 1 = 7이 나오므로 우리가 원하는 값은 47이다.

52 45로 나눌 수 있는 수는 몇 가지나 있을까?

40,320개다.

우리가 찾는 수는 아홉 자리이며 45를 약수로 갖는다. 45는 소수인 3, 3, 5를 곱한 값이다. 즉, 어떤 수가 45로 나누어진다면 역시 5와 9(3 × 3)로도 나눌 수 있다.

이를 반대로 생각하면 어떤 수를 5와 9로 나눌 수 있다면 역시 45로도 나눌 수 있다. 왜 그럴까? 이 수를 소인수로 분해하면 반드시 3 × 3과 5가 인수로 등장한다.

3 × 3 × 5는 정확히 45이므로 따라서 45가 언제나 이 수의 약수일 수밖에 없다.

그렇다면 언제 5로 나누어지며, 언제 9로 나누어지는지 알 수 있을까?

5의 경우는 단순하다. 수의 마지막 숫자가 0이나 5로 끝나면 된다. 하지만 이 문제의 내용을 보면 수에 숫자 0이 들어가지 않으므로 우리가 찾는 수의 마지막 숫자는 항상 5가 돼야 한다.

어떤 자연수를 9로 나눌 수 있는지는 수의 각 자릿수의 합으로 알아볼 수 있다. 수의 각 자릿수의 합을 9로 나눌 수 있다면 그 수 역시 나눌 수 있기 때문이다. 어떤 수의 각 자릿수의 합을 계산하려면 각각의 숫자를 더하면 된다. 288을 예로 들어보자. 이 수의 각 자릿수의 합은 2 + 8 + 8 = 18이다.

우리가 찾는 아홉 자릿수의 각 자릿수의 합은 1 + 2 + 3 + ⋯ + 9 = 45다. 결과 45는 9로 나눌 수 있다. 그러므로 숫자 1부터 9가 하나씩 들어간 모든 아홉 자릿수는 9로 나눌 수 있다.

이제까지 생각해본 것들을 종합해보자. 마지막 숫자가 5이고, 숫자 1부터 9가 하나씩 들어간 모든 아홉 자릿수는 45로 나눌 수 있다. 이제는 그런 수가 몇 개인지만 알아내면 된다.

그런 수의 개수는 정확히 $8 \times 7 \times 6 \times 5 \times 4 \times 3 \times 2 \times 1 = 40,320$개다. 수의 첫 번째 자리에 들어갈 수 있는 숫자는 8개, 두 번째 자리에는 7개(한 개의 숫자를 이미 썼기 때문이다), 세 번째 자리에는 6개이기 때문이다.

수학자들은 이런 계산법을 '계승'Factorial이라 부르며, 기호는 느낌표를 사용한다.

$$8! = 1 \times 2 \times 3 \times 4 \times 5 \times 6 \times 7 \times 8$$

53 나도 암산 천재가 될 수 있을까?

계산 결과의 마지막 숫자는 5다.

이 문제를 푸는 비결은 5개 수의 일의 자리 숫자만 생각하는 것이다. 일의 자리 숫자의 6승이 5개 수를 합친 수의 일의 자리 숫자를 결정한다.

왜 그럴까? 여섯 제곱하려는 수의 일의 자리와 나머지 자릿수를 분리해 생각하면 그 이유를 알 수 있다.

111^6을 예로 들어보자. 이 수를 조금 변화시켜서 $(110 + 1)^6$이라고 써보자. 이 형태를 $(a + b)^6$ 형태로 보고 분해할 수 있다. 육제곱식 인수분해 공식을 이용하면 충분히 계산할 수 있다. 그렇게 나온 식이 너무 복잡하다고 당황하지 말자. 여기서 더는 어려워지지 않는다.

제1장
제2장
제3장
제4장
제5장
제6장
제7장
제8장
제9장

$$(a+b)^6 = a^6 + 6a^5b + 15a^4b^2 + 20a^3b^3 + 15a^2b^4 + 6ab^5 + b^6$$

그런데 a라는 수는 10을 곱한 수이므로(a = 110 = 10 × 11) 위 등식의 오른쪽 항들은 b^6를 제외하고 모두 a가 있기 때문에 10의 배수다. b^6항만 유일하게 그렇지 않다. 따라서 수 $(a+b)^6$의 일의 자리 숫자는 b만이 결정할 수 있다.

그렇다면 이제 우리가 풀어야 하는 문제를 다음처럼 바꾸어 써보자.

식 $1^6 + 2^6 + 3^6 + 4^6 + 5^6$로 만든 수의 마지막 숫자는 무엇인가?

문제가 훨씬 쉬워졌을 것이다.

1^6는 1이다.

2^6는 분해하면 $2^2 \times 2^2 \times 2^2 = 4 \times 4 \times 4 = 64$이고 따라서 마지막 숫자는 4다.

3^6는 분해하면 $3^2 \times 3^2 \times 3^2 = 9 \times 9 \times 9 = 81 \times 9$이고 따라서 마지막 숫자는 9다.

4^6의 일의 자리 숫자는 6이다.

5^6의 일의 자리 숫자는 5다.

이 숫자들을 모두 더하면 $1 + 4 + 9 + 6 + 5 = 25$이며, 마지막 숫자는 5가 된다. 이것이 우리가 찾던 답이다.

혹시 정확하게 계산하고 싶은 독자를 위해 자세한 설명을 덧붙인다.

$111^6 = 1,870,414,552,161$

$222^6 = 119,706,531,330,304$

$333^6 = 1,363,532,208,525,369$

$444^6 = 7,661,218,005,651,456$

$555^6 = 29,225,227,377,515,625$

위의 5개 수를 모두 더하면 38,371,554,537,582,915가 나온다. 계산 결과로 나온 이 수의 일의 자리 숫자는 실제로 5다!

54 다음은 무슨 공식일까? Forty + ten + ten = sixty

위 알파벳 식에서 제일 처음 알아볼 수 있는 것은 맨 오른쪽 줄의 알파벳 n이 0 또는 5라는 점이다. 그 옆줄의 알파벳을 보니 역시 e = 0이거나 e = 5여야 한다(더했을 때 일의 자리 숫자가 0이 돼야 하므로—옮긴이). 그런데 맨 오른쪽 줄과 그 옆줄의 덧셈에선 받아올림이 없기 때문에 n = 0이고 e = 5다.

이번에는 왼쪽부터 살펴보자. 왼쪽에서 첫 번째와 두 번째 줄은 오른쪽 숫자로부터 받아올림이 생긴다. 따라서 o는 i가 되고 f는 s가 되었다.

두 번째 줄에는 세 번째 줄에서 받아올림한 수가 더해졌고, 이는 1 또는 2일 수 있다. 그러므로 알파벳 o는 8이거나 9다. 앞서 0이 이미 정해졌기 때문에 알파벳 i는 0이 될 수 없다. 따라서 유일하게 가능한 숫자는 o = 9, i = 1이며, 받아올림한 수는 2일 것이다. 마지막으로 맨 왼쪽 줄과 왼쪽에서 세 번째 줄의 숫자를 알아내기 위해 다음처럼 표시해보자.

$$f + 1 = s$$
$$r + 2t + 1 = 20 + x$$

가능한 모든 수를 대입하면 단 하나의 조합만이 가능하다. 즉, $f = 2$, $s = 3$, $r = 7$, $t = 8$ 그리고 $x = 4$다.

그리고 y에 대응할 수 있는 숫자가 딱 1개 남는다. 6이다.

55 6을 곱했을 때 앞뒤가 달라지는 숫자 찾기

이 문제에는 답이 없다!

이 문제에 대한 증명은 생각보다 쉽다. 만약 자연수 n이 존재한다면 n은 적어도 두 자릿수일 것이다.

그러면 n의 앞자리 숫자부터 살펴보자. 앞자리 숫자는 1보다 크면 안 된다. 2 이상의 숫자가 앞자리인 두 자릿수에 6을 곱하면 n보다 한 자리 더 큰 수가 만들어지기 때문이다. 예를 들면 $21 \times 6 = 126$처럼 말이다.

처음의 수 n과 계산된 수 $6 \times n$은 반드시 동일한 개수의 숫자로 이루어져야 한다. 그래야 $6 \times n$이 n을 구성하는 숫자들을 정확히 역순으로 가질 수 있다. 결론적으로

6 × n은 마지막이 1로 끝나는 홀수가 돼야 한다.

그런데 6 × n = 2 × 3 × n이라서 인수 2가 숨어 있으므로, 6 × n은 절대로 홀수가 될 수 없다. 홀수이며 동시에 짝수인 수가 존재할까? 알다시피 불가능하다. 따라서 이 문제에는 답이 없다.

이 문제는 독일이 통일되기 전, 1961년에 구동독에서 치러진 첫 번째 수학 올림피아드 대회에 출제된 문제다. 4차까지 진행되는 지역 수학 경시대회에서 3차 대회에 진출한 19세 학생들이 이 문제를 풀었다.

56 서로 감추고 있는 숫자가 무엇인지 찾아라!

네 사람이 적은 수는 370, 740 또는 814다.

이 문제를 읽으면 처음에는 전혀 감을 잡을 수 없다. 모든 가능한 경우를 하나씩 시험해야 하므로 시간도 많이 걸릴 것 같다. 하지만 네 친구의 발언을 꼼꼼히 들여다보면 몇 가지 경우로 범위를 좁힐 수 있고 금세 결론에 도달하게 된다. 우선 아그네타의 설명인 A1과 A2부터 살펴보자.

> A1) 이 수는 세 자리야.
> A2) 각 자리 숫자를 곱한 값은 23이야.

A2는 맞지 않는다. 23은 소수이기 때문이다. 이 발언이 진실이려면 23이 우리가 찾는 수의 약수가 돼야 하는데, 우리는 0부터 9까지의 수로 이루어진 십진법에 따른 자연수를 다루므로 불가능하다. 즉, A1번 설명이 진실이며 우리가 찾는 수는 세 자리다.

베르트의 발언을 살펴보자.

B1) 이 수는 37로 나눌 수 있어.

B2) 이 수는 3개의 똑같은 숫자를 나열한 수야.

베르트의 두 번째 발언(B2), 즉 우리가 찾는 수가 3개의 똑같은 숫자로 이루어질 수 있는지 알아보자. 클라라가 이야기한 내용과 일치하는지 볼까?

C1) 이 수는 11로 나눌 수 있어.

C2) 이 수의 일의 자리 숫자는 0이야.

만약 B2와 C2가 모두 진실이라면 이 수는 3개의 0으로 이루어진 수이며, 이것은 자연수가 아니다. 반면 B2와 C1이 진실이라면 우리가 찾는 세 자릿수는 세 숫자가 모두 똑같으며 11로 나눌 수 있다. 하지만 그런 숫자는 존재하지 않는다. 11의 배수는 110, 220, 330 등이지 111, 222, 333 등이 아니기 때문이다.

결론적으로 B2는 C1과 C2 두 발언 모두와 모순을 일으킨다. 따라서 거짓말이다. B1은 옳은 내용이다. 이제 우리는 37로 나눌 수 있는 세 자릿수를 찾아야 한다. 이 수는 11로 나눌 수 있거나(C1) 일의 자리 숫자가 0일 것이다(C2).

첫 번째 경우에 답은 $11 \times 37 = 407$ 또는 $2 \times 11 \times 37 = 814$일 수 있다. 두 번째 경우에는 370이거나 740이다.

마지막으로 데니스의 발언을 살펴보자.

D1) 이 수를 나타내는 모든 자리의 숫자를 더하면 10보다 큰 수가 나와.

D2) 백의 자리 숫자는 가장 큰 숫자도 아니고 가장 작은 숫자도 아니야.

만약 D1이 진실이고 D2가 거짓이라면, 740과 814가 답이 될 수 있다. 두 경우 모두 백의 자리 숫자가 세 자리 숫자 중에서 가장 크다.

반면에 D1이 거짓이고 D2가 진실이라면, 370만 답이 될 수 있고 407은 답이 될 수 없다. 이 수는 D1과 D2를 모두 충족하기 때문에 문제가 묻고 있는 정답이 아니다.

이 문제에는 유일한 답이 존재하지 않는다. 네 친구의 쪽지에는 370, 740 또는 814 중 하나의 숫자가 존재할 수 있다.

57 숫자의 마술로 어떤 마술사가 진실을 말하는지 찾아라!

73과 13,837을 약수라고 말한 첫 번째와 두 번째 마술사가 옳다. 반면, 83이 약수라고 하는 세 번째 마술사의 이야기는 옳지 않다.

자, 아무 수나 마음에 드는 두 자릿수 a를 생각하고 네 번 이어서 써보자. 만들어진 수는 여덟 자릿수다. 예를 들면, a가 17이라고 할 때, 여덟 자릿수는 17171717, 읽기 쉽게 쓰면 17,171,717이다. 그런데 이 수를 4개 수의 합으로도 풀어 쓸 수 있다.

$$
\begin{aligned}
&17 \\
+\,&1{,}700 \\
+\,&170{,}000 \\
+\,&17{,}000{,}000 \\
\hline
=\,&17{,}171{,}717
\end{aligned}
$$

합쳐진 4개의 수는 다시 17과 1, 100, 10,000 그리고 1,000,000의 곱셈으로 나타낼 수 있다. 즉, 다음처럼 쓸 수 있다.

$$17,171,717 = 1 \times 17 + 100 \times 17 + 10,000 \times 17 + 1,000,000 \times 17$$

이제 원래의 두 자릿수 a와 함께 나타내면 아래와 같다.

$$여덟 자릿수 = 1 \times a + 100 \times a + 10,000 \times a + 1,000,000 \times a$$

반복되는 a를 괄호로 묶으면 다음과 같은 식이 나온다.

$$여덟 자릿수 = a \times (1 + 100 + 10,000 + 1,000,000)$$
$$여덟 자릿수 = a \times 1,010,101$$

인수 1,010,101은 흥미로운 수다. 만약 이 수를 73으로 나눌 수 있다면, 여덟 자릿수 역시 73으로 나눌 수 있다. 그리고 $1,010,101 = 73 \times 13,837$이므로 실제로 나눌 수 있다. 우리는 나머지 약수를 이미 알고 있다. 그러므로 첫 번째 마술사와 두 번째 마술사의 말은 맞는 내용이다.

하지만 1,010,101은 83으로 나눌 수 없기 때문에 세 번째 마술사의 말은 틀리다.

참고로 1,010,101의 모든 약수를 알고 싶다면, 이 수를 완전히 소인수분해해야 한다. 이런 큰 수의 약수를 알려주는 웹페이지도 존재한다. 계산 결과는 아래와 같다.

$$1,010,101 = 73 \times 101 \times 137$$

101 × 137은 13,837이며, 1,010,101의 또 다른 약수는 101 × 73 = 7,373 및 73 × 137 = 10,001이다. 마술사는 놀라는 관객에게 또 다른 약수 2개를 내밀 수도 있다. 소인수인 101과 137도 마찬가지다.

58 지금까지 배운 계산법은 잊어라! 조금 이상한 계산법

답은 22 + 11 = 116이다.

$$8 + 11 = 310$$
$$22 + 9 = 1313$$
$$43 + 56 = 1318$$
$$72 + 19 = 5319$$
$$8 + 6 = 214$$
$$22 + 11 = 116$$

어떻게 이런 결과가 나올 수 있을까? 쪽지의 수들을 잘 들여다보면 '덧셈' 결과가 항상 두 부분으로 구성된다는 것을 눈치챌 수 있다. 결과 값의 첫 번째 숫자 혹은 처음 두 숫자(수식에서 음영 부분)는 정확히 왼쪽 두 숫자의 차이를 나타낸다. 따라서 22와 11의 경우에는 22 – 11 = 11이 될 것이다.

결과 값의 나머지 숫자들은 좀 더 복잡한 계산으로 만들어졌다. 자세히 관찰해보면 왼쪽의 두 수를 이루는 모든 숫자를 더해서 만들었다. 22와 11의 경우에는 2 + 2 그리고 1 + 1이므로 모두 더한 결과는 6이다. 따라서 이 등식의 계산 결과는 22 + 11 = 116이다.

고백하자면 이번 문제는 나에게도 무척 어려운 문제였다.

59 두 형제가 돈을 나눈 뒤 여동생은 얼마를 갖게 될까?

6유로다.

피겨 1개의 금액은 n이며 이는 형제가 가진 피겨의 수와 같다. n은 n = 10a + b로 표현할 수 있다. 이때 a와 b는 자연수이며 b는 한 자릿수이다. 이렇게만 표현했는데도 이 문제에서 b가 얼마나 중요한 역할을 하는지 알 수 있다.

형제의 모든 수익 n × n은 아래처럼 풀 수 있다.

$$n^2 = (10a + b)^2$$
$$n^2 = 100a^2 + 20ab + b^2$$

수익을 나누는 과정에서 알 수 있는 것은 n^2을 20으로 나누면 10과 20 사이의 금액이 남는다는 것이다. 그래야 마지막으로 형이 동생보다 10유로를 더 갖게 되고 나머지 금액이 10유로보다 적게 남는다. $100a^2$와 20ab는 둘 다 20으로 나눌 수 있으므로 n^2을 20으로 나누고 남은 나머지 금액을 결정하는 것은 b^2뿐이다.

이제 제곱했을 경우 b^2을 20으로 나눴을 때의 나머지가 10보다 크며 20보다 작은 한 자릿수 b를 확인하기만 하면 된다. 이 조건을 충족하는 숫자는 b = 4와 b = 6이다. 다른 한 자리 숫자들은 이 조건을 충족하지 못한다. 20으로 나눴을 때 b^2의 나머지는 두 경우 모두 16이다. 그러므로 여동생이 받는 금액은 6유로다.

마리아의 당첨금은 31유로 63센트다. 점원의 실수로 마리아는 63유로 31센트를 받았고, 그중 5센트를 선물했다. 지갑에 남은 돈은 63유로 26센트로 당첨금의 정확히 2배다. 이 문제를 푸는 방법은 여러 가지가 있으며, 어떤 방법을 이용해도 답을 찾을 수 있다. 그중 한 가지 아주 정교한 방법은 퀴즈를 만든 마틴 가드너_{Martin Gardner} 가 소개한 방법이다. 이것은 가드너의 퀴즈를 즐겨 풀던 독자가 제안한 방법이라고 한다.

당첨금의 유로에 해당하는 금액을 x로, 센트에 해당하는 금액을 y라고 하자. 그러면 다음과 같은 식을 만들 수 있다.

$$2x \text{ 유로} + 2y \text{ 센트} = y \text{ 유로} + (x - 5) \text{ 센트}$$

이것은 미지수가 2개인 방정식이다. 미지수가 2개지만 유로에 해당하는 금액과 센트에 해당하는 금액을 계산하는 부분이 각각 들어 있어서 풀 수 있다.

먼저 y가 50보다 작다고 가정하면 유로에 해당하는 금액을 다음처럼 정리할 수 있다 (1유로가 100센트에 해당하므로 y가 50보다 작으면 $2y$ 센트는 1유로 미만이다.— 옮긴이).

$$2x = y$$

이제 이 등식을 센트 금액에 관한 등식에 대입하면 다음과 같다.

$$2y = x - 5$$
$$4x = x - 5$$

$$3x = -5$$

계산 결과는 음수인데다 x가 정수로 딱 떨어지지도 않는다. 가정이 잘못된 것이다. 그러므로 $y < 50$인 경우에는 답이 존재하지 않는다.

그렇다면 $y \geq 50$인 경우를 살펴보자. 이 경우에 $2y$는 무조건 1유로 이상이다. 처음 만든 등식의 유로 부분을 참고하면, 다음처럼 정리할 수 있다.

$$2x + 1 = y$$

이번에도 이 식을 센트 금액에 해당하는 등식에 대입해보자. 앞서 1유로를 더해주었으니 이번에는 왼쪽 식에서 1유로에 해당하는 100센트를 빼주어야 한다.

$$2y - 100 = x - 5$$
$$4x + 2 - 100 = x - 5$$
$$3x = 93$$
$$x = 31$$

따라서 $y = 63$이다. 그러므로 처음에 마리아가 받을 당첨금은 31유로 63센트이고, 잘못 받은 금액은 63유로 31센트다.

61 홈스테이 가족 중에 반드시 딸이 있을 확률은?

크리스티나가 1/2로 예상한 확률은 틀렸다. 맞는 확률은 1/3이다.

올바르게 계산하려면 우선 한 가정에 어떤 조합이 존재할 수 있는지부터 차근차근 생각해야 한다. 딸을 D라 하고 아들을 S라고 하면, 자녀가 둘인 가정에 존재할 수 있는 아이들의 성별은 DD, DS, SD, SS 네 종류다.

그런데 교환학생을 주관하는 관청에서 여학생은 적어도 딸이 1명 있는 집에서 홈스테이를 할 수 있게 해준다고 약속했으므로 마지막 경우(아들이 둘인 가정)는 제외할 수 있다. 남은 경우는 DD, DS, SD이다. 그러면 크리스티나가 딸이 둘인 집에서 홈스테이를 할 가능성은 1/3이다. 아들이 하나, 딸이 하나인 집에서 홈스테이를 할 가능성은 2/3이다.

이번 문제의 경우를 2개의 동전을 던지는 것과 비교할 수 있다. 동전의 한 면에는 S(아들)가 그려져 있고, 다른 면에는 D(딸)가 그려져 있다. 동전을 던져서 나온 윗면이 S와

D일 경우는 각각 1/2이다.

만약 우리가 무작위로 아들과 딸의 조합을 선택해야 한다면, 2개의 동전을 동시에 던져서 나오는 결과를 받아들이면 된다. 가능한 모든 조합은 SS, SD, DS 그리고 DD이다. 네 가지 경우가 나올 확률은 각각 1/4이다.

알다시피 SS의 경우는 홈스테이 가정에 적어도 1명의 딸이 있어야 한다는 규칙에 따라 제외해야 한다. 이제 가능한 경우는 SD, DS, DD 세 가지뿐이다. 이 세 경우가 일어날 확률은 모두 같다. 그러므로 크리스티나가 딸 둘이 있는 가정에 갈 확률은 1/3이다.

62 공공장소에서 이루어지는 스파이 훈련

모든 예비 요원 중에서 가장 가까이 있는 두 요원이 존재할 것이다. 이들은 서로를 감시한다. 또 다른 요원 한 사람이 이들 두 요원 중 자신과 더 가까이 있는 한 요원을 감시하면, 결국 한 요원을 두 사람이 감시하게 된다. 따라서 적어도 한 사람은 감시를 당하지 않는다(이를 통해 적어도 한 사람은 감시당하지 않는다는 것이 증명되었다).

만약 가장 가까이 있는 두 요원의 눈에 아무도 보이지 않아 아무도 감시하지 못한다면 증명에서 제외할 수 있다. 요원 수가 2명 줄어들어도 훈련받는 전체 요원의 수는 여전히 홀수이기 때문이다.

계속해서 생각해보자. 홀수의 사람들이 서 있고, 가장 가까이 있는 두 사람이 서로를 바라보고 있다. 둘 중 1명은 세 번째 사람에게 감시당하거나(이로써 전체 요원 중 적어도 1명은 감시당하지 않는다는 증명이 성립된다.) 또는 둘 다 아무에게도 감시받지 않는다. 후자의 경우 이 두 사람 역시 증명에서 제외할 수 있다.

이런 방법으로 우리는 가까이 있는 두 요원 중 1명이 또 다른 요원에게 감시당하는 경우를 발견할 때까지, 또는 문제에 등장하는 홀수 요원이 3명 남을 때까지 고립된 요원들을 제외시킬 수 있다. 3명의 요원들 중에 한 쌍은 서로를 감시할 것이다. 그리고 나머지 한 요원은 자연스럽게 아무에게도 감시받지 않게 된다.

결론적으로 적어도 1명은 항상 아무에게도 감시당하지 않는다.

63 세계에서 제일 큰 탁구 토너먼트 대회

라운드당 몇 회의 시합이 치러져야 하는지는 계산할 수 있다.

첫 번째 라운드에서 555,555회의 시합이 치러지며, 1명의 선수는 시합 없이 다음 라운드에 진출한다. 두 번째 라운드에 진출한 선수의 수는 555,556명이고 277,778회의 시합이 열린다. 다음 라운드에선 138,889회의 시합이 열린다. 이런 식으로 횟수를 더하면 결국 우승자가 가려질 때까지 몇 번을 시합하는지 알 수 있지만 시간이 오래 걸리고 실수할 가능성도 있다.

다행히 복잡한 계산 없이 훨씬 더 쉽고 세련되게 답을 구하는 방법이 있다. 패자의 수만 잘 들여다보면 된다.

총 1,111,111명의 선수들 중에서 1,111,110명은 토너먼트 대회가 끝나갈 때 모두 한 번씩 시합에서 패해 탈락한다. 그리고 모든 경기에는 패자가 존재한다. 그러므로 이 거대한 대회에선 모두 1,111,110회의 시합이 열린다.

64 세 아이의 탁구 시합, 두 번째 시합에서 누가 졌을까?

두 번째 시합에서 진 아이는 알렉스다.

이 문제는 처음에는 전혀 풀 수 없을 것 같다. 너무 많은 조합을 일일이 따져봐야 하기 때문이다. 하지만 문제의 내용을 유심히 읽어보면 답을 찾는 일이 그렇게 어렵지만은 않다.

세 아이들의 탁구 경기 결과를 살펴보자. 알렉스는 10번, 브리트는 15번, 그리고 클레아는 17번의 탁구 시합을 벌였다. 시합 횟수를 모두 합하면 42번이다. 탁구 시합에는 두 사람이 참가하기 때문에 아이들이 치른 시합의 횟수는 실제로는 42 / 2 = 21번이다. 조금 특이한 경기 방식 때문에 한 아이가 모든 시합에서 진다고 가정해도 한 차례 쉬고 난 다음에는 반드시 탁구를 치게 된다. 그러므로 많이 쉬어봤자 두 번의 시합 중 한 번만 쉬게 된다.

아이들이 치른 시합의 횟수는 스물한 번이지만, 알렉스는 모두 열 번의 시합을 치렀다. 그렇게 되려면 알렉스가 첫 번째 시합에 참여하지 않았어야 한다.

만약 알렉스가 첫 번째 시합에 참여했다면 모든 시합에서 졌다고 쳐도, 1, 3, 5, 7, 9, 11, 13, 15, 17, 19, 21번째 시합, 즉 열한 번의 시합을 치렀을 것이다. 이것은 알렉스가 실제로 참여한 시합의 횟수보다 하나 더 많다!

그러므로 브리트와 클레아가 첫 번째 시합을 했을 것이다. 알렉스는 이 시합의 승자와 그 다음 시합에서 탁구를 쳤을 것이고, 이 시합을 포함해서 이후 벌어진 아홉 번의 시합에서 모두 졌을 것이다. 만약 알렉스가 두 번째 시합에서 이겼다면, 알렉스가 치른 시합의 횟수가 최소한 열한 번이 되었을 것이다(2, 3, 5, 7, 9, 11, 13, 15, 17, 19, 21).

그러므로 알렉스가 2, 4, 6, 8, 10, 12, 14, 16, 18, 20번째 탁구 시합을 치렀으며 매번 졌다는 것을 알 수 있다.

65 목숨을 건 러시안룰렛에서 살아남는 법

탄창을 돌리지 않는 편이 더 낫다.

우리가 계산해야 하는 것은 탄창의 다음 순서에 총알이 있을 확률이다. 조금 더 쉬운 두 번째 경우를 먼저 계산해보자. 폭력배 두목이 방아쇠를 당기기 전에 탄창을 돌리는 경우다. 총알이 있을 확률은 1/3이다. 탄창의 구멍 6개 중에 2개에 총알이 있기 때문이다.

만약 두목이 탄창을 돌리지 않고 방아쇠를 당긴다면, 조금 다른 계산법을 이용해야 한다. 처음 방아쇠를 당겼을 때 총알이 나가지 않았기 때문에 비어 있던 구멍은 한 칸 옆으로 이동했을 것이다. 다음의 왼쪽 그림에서 이 구멍을 검게 표시했다.

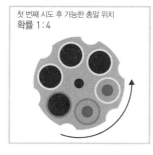

첫 번째 시도 후 가능한 총알 위치
확률 1:4

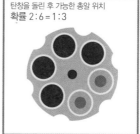

탄창을 돌린 후 가능한 총알 위치
확률 2:6 = 1:3

방아쇠를 당기면 탄창은 1/6만큼 회전한다. 탄창은 시계 반대 방향으로 돈다고 가정하자. 탄창이 시계 방향으로 회전한다고 해도 계산 결과는 그대로다.

무슨 일이 일어날까? 탄창의 빈 구멍 다음에 빈 구멍이 이어질 확률은 3/4이다. 물론 1/4 확률로 총알이 들어 있을 수 있다. 방아쇠를 당겼을 때 발사될 수 있는 각 총알 구멍은 테두리를 흰색으로 표시했다(왼쪽 그림). 종합하면 이 경우에 총알이 나갈 확률은 1/4이고, 탄창을 돌린 후의 확률은 1/3이다. 그러므로 여러분은 두목에게 바로 방아쇠를 당기라고 대답해야 한다. 그 편이 총알이 발사되지 않을 확률이 높기 때문이다.

66 달리기 경주에서 이기려면 어느 정도 속도로 뛰어야 할까?

두 번째 선수가 이긴다.

두 선수 모두 처음에는 천천히 뛰다가 나중에는 빨리 달릴 것이다. 하지만 전체 구간의 중간 지점에 이르기 전에 두 번째 선수가 빨리 뛰기 시작한다. 왜냐하면 빠르게 뛰는 시간과 느리게 뛰는 시간을 똑같이 잡았기 때문이다. 그렇게 되려면 빠르게 뛰는 구간의 거리가 느리게 뛰는 거리보다 길어야 한다. 반면 첫 번째 선수가 빠르게 뛰는 거리와 느리게 뛰는 거리는 정확히 동일하며 결국 경주에서 지게 된다.

이 문제를 제안한 사람은 패트릭 바이드하스Patrick Weidhaas다. 그는 메릴린 보스 사반트Marilyn vos Savant가 〈퍼레이드〉Parade라는 잡지에 쓴 글에서 이 문제를 발견했다. 사반트는 세계에서 가장 지능이 높은 사람으로 기네스북에 등재된 여성이다.

67 6명이 벌이는 체스 게임, 승자는 과연 누구?

시합으로 발생하는 점수는 총 15점으로, 선수당 평균 2.5점을 얻는다. 가장 꼴찌인 선수가 받는 점수는 1.5점 이상이 될 수 없다. 더 나은 선수는 더 못한 선수보다 적어도 0.5점 더 많이 받으므로, 그럴 경우 모든 선수의 총점이 15점보다 많아지기 때문이다. 점수가 증가하는 순서로 선수들의 점수를 나열해보자.

1.5 - 2 - 2.5 - 3 - 3.5 - 4

이런 경우에는 합계가 16.5점이 된다! 하지만 앞서 말했듯이 총점은 15점이 돼야 한다. 하지만 최하위 선수의 점수가 1점이라면 가능하다. 가능한 점수 순서는 아래와 같다.

1 - 1.5 - 2 - 2.5 - 3 - 5

다음은 선수들의 시합과 점수를 나타낸 표다. 표 안의 숫자는 체스를 두어서 이긴 선수의 번호이며, R은 무승부를 뜻한다.

	1 2 3 4 5 6	점수
1	X 1 1 1 1 1	5
2	1 X 2 2 2 6	3
3	1 2 X 3 R 3	2.5
4	1 2 3 X 4 4	2
5	1 2 R 4 X 5	1.5
6	1 6 3 4 5 X	1

68 당첨 확률을 높이는 로또 복권 논쟁

언뜻 보기에는 자비네의 말이 옳다고 여길 수 있다. 49개 중에서 6개를 고르는 시스템은 먼저 1부터 49까지의 숫자 중에서 6개를 고르고 다시 0부터 9까지의 숫자 중에서 행운번호 하나를 선택해야 한다. 49개 중에서 7를 고르는 시스템은 동일하게 49개의 숫자 중에서 6개를 고르고 일곱 번째 숫자를 하나 더 고르면 된다. 그런데 이 경우에는 행운번호 시스템처럼 열 가지 가능성이 있는 것이 아니라, 49 - 6 = 43가지 가능성이 생긴다. 가능성이 더 많다는 것은 맞힐 확률이 낮아짐을 의미한다.

그러나 사실은 그렇지 않다. 오히려 막스의 말이 옳다. 49개 중에서 7개를 고르는 편이 당첨 확률을 높인다. 다음에서 조합의 차이를 살펴보자.

49 중의 6 시스템에서 첫 번째 구슬에 어떤 숫자가 나올 확률은 49, 두 번째는 48, 세 번째는 47, 이런 식으로 계속 이어진다. 추첨할 때 나올 수 있는 다양한 경우의 수는 모두 $49 \times 48 \times 47 \times 46 \times 45 \times 44$다. 그런데 이러한 계산법은 숫자의 순서가 달라지면 다른 조합으로 여긴다. 이것을 수학 용어로 '순열'이라 부른다(로또에서 숫자의 순서는 상관없다. 그러므로 순열 대신 조합을 계산해야 한다. 조합은 서로 다른 순서로 나열한 숫자들도 전부 같다고 간주해 전체 경우의 수를 중복되는 경우의 수로 나누는 계산법이다.─옮긴이). 이제 순열 대신 조합의 계산법을 이용해 $49 \times 48 \times 47 \times 46 \times 45 \times 44$를 $1 \times 2 \times 3 \times 4 \times 5 \times 6$으로 나누면 우리가 찾는 확률을 얻는다. 계산 결과는 13,983,816이다. 행운 번호는 열 가지 중 하나를 고를 수 있기 때문에 $13,983,816 \times 10 = 139,838,160$가지 조합이 나올 수 있다. 결국 이 시스템으로 모든 숫자를 맞출 확률은 1/139,838,160 이다.

49 중의 7 시스템도 위와 같이 계산해보자.

$$\frac{49 \times 48 \times 47 \times 46 \times 45 \times 44 \times 43}{1 \times 2 \times 3 \times 4 \times 5 \times 6 \times 7}$$

이를 계산한 결과는 85,900,584로, 이 경우의 수는 행운번호가 있는 49 중의 6 시스템에서의 약 1억 4천 가지 경우의 수보다 훨씬 작다. 그러므로 49 중의 7 시스템의 당첨 확률이 더 높아지므로 막스의 말이 옳다.

69 2016년에 열린 흥미로운 월드컵 평가전

이 문제도 결코 쉽지 않을 것 같다. 늘 그렇듯 확률은 모든 가능한 경우의 조합을 전부 따져봐야 하기 때문이다.

일단 선수 2명의 생일이 같을 경우는 충분히 일어날 수 있다. 그리고 3명의 선수가 동시에 생일을 맞는 경우도 가능하다. 혹은 생일이 같은 선수가 둘씩 두 쌍(각 쌍의 생일은 서로 다름)이 존재할 수도 있다. 불가능할 것 같지만 이론적으로는 선수 22명의 생일이 전부 같은 경우도 가능하다. 문제는 이런 모든 경우를 하나씩 전부 따지는 일이 거의 불가능하다는 사실이다. 다행히 확률에 적용할 수 있는 유용한 계산법이 존재한다. 우리가 생각하는 경우와 정반대의 경우가 일어날 확률을 계산하는 것이다. 즉, 선수 22명의 생일이 전부 다른 경우 말이다. 이 경우의 확률을 100%에서 빼면, 우리가 원하는 확률이 남는다.

생일이 전부 다른 경우를 계산하는 것은 그리 어렵지 않다. 하지만 계산 과정에서 실수하지 않으려면 엑셀 등 계산 프로그램을 이용하는 것이 가장 좋다.

자, 선수들에게 1번부터 22번까지 번호를 부여하고 1번 선수부터 시작하자. 그의 생일은 365일 중의 어느 하루일 것이다. 그러면 2번 선수의 생일은 나머지 364일 중의 어느 하루일 것이다. 1번 선수의 생일과 겹치면 안 되기 때문이다. 이 두 선수의 생일이 같지 않을 확률은 364/365이다.

계속해서 계산해보자. 3번 선수의 생일이 될 수 있는 날은 363일이다. 그러므로 1번부터 3번까지 세 선수의 생일이 같지 않을 확률은 364/365 × 363/365이다.

이렇게 계속 확률을 곱한다. 4번 선수에겐 362일이 남고, 마지막 22번 선수의 생일이 나머지 21명의 동료 선수들의 생일과 겹치지 않을 수 있는 날은 365 - 21 = 344일이 남는다.

모든 선수들의 생일이 모두 다를 확률 p는 아래와 같다.

$$p = \frac{364}{365} \times \frac{363}{365} \times \frac{362}{365} \times \cdots \times \frac{344}{365}$$

p = 52.4%

결국 22명의 선수 중에서 적어도 두 선수의 생일이 같을 확률은 47.6%가 된다. 수학적으로 독일과 북아일랜드 축구팀의 대결이 대단한 사건은 아니었던 셈이다. 생일이 같을 확률이 꽤 높아서 두 경기 중 한 경기 꼴로 생일이 같은 선수가 나올 수 있기 때문이다.

심판까지 계산에 넣으면 필드에서 뛰는 사람의 수는 23명이다. 그러면 생일이 같은 사람이 둘 이상일 확률이 더 높아져서 심지어 50%를 넘는다.

이 확률이 놀라울 정도로 높기 때문에 수학자들은 이런 현상을 '생일의 역설'Birthday Paradox이라고 부르기도 한다. 많은 사람이 직감적으로 두 사람의 생일이 같을 확률은 아주 낮을 것이라 여기기 때문이다.

70 서로를 믿지 못하는 10명의 도둑들

서로 다른 모양의 자물쇠가 120개 필요하며 각각의 자물쇠마다 열쇠 7개씩이 필요하므로 열쇠는 모두 840개가 필요하다.

문제에 따르면 도둑들 3명으로는 트렁크를 열지 못한다. 그러려면 3명의 도둑이 딸 수 없는 자물쇠가 존재해야 한다. 그리고 이 자물쇠의 열쇠를 나머지 7명의 도둑들 모두가 하나씩 가지고 있어야 한다. 그래야 이들 3명 외에 누구든 1명이 더 왔을 때는 트렁크를 열 수 있어야 하기 때문이다.

자, 그러면 우리에게는 3명의 도둑이 모일 수 있는 모든 가능한 경우의 수에 하나의 추가적인 자물쇠, 그리고 나머지 7명의 도둑들이 모두 가져야 하는 7개의 열쇠가 필요하다.

제1장

제2장

제3장

제4장

제5장

제6장

제7장

제8장

제9장

조합을 실제로 계산해보자. 10명의 도둑 중에서 3명이 모일 수 있는 경우의 수는 얼마나 되는가? 이 수가 바로 필요한 자물쇠의 수와 일치한다.

10명 중에서 순서와 상관없이 3명을 택하는 조합의 수는 10!/(3! × 7!) = 120이고 이런 풀이공식을 '이항계수'Binomial Coefficient라고도 부른다.

이 수를 직접 계산할 수도 있다. 10명의 도둑을 각각 1, 2, 3, ···, 9, 10으로 표시하자. 그러면 1부터 10까지의 자연수 중에서 3개를 골라내려면 10 × 9 × 8 = 720가지 경우가 생긴다.

그런데 이 방법은 순서를 고려했기 때문에 순열이다. 예를 들면 2, 5, 7과 5, 2, 7이 모인 것을 서로 다른 경우라고 여기는 것이다. 이 문제에선 순서가 중요하지 않다. 그러므로 720을 세 숫자의 가능한 순열의 수로 나누면 720/(3 × 2 × 1) = 120이 된다.

120개의 자물쇠에는 열쇠가 각각 7개씩 필요하다. 그러므로 총 7 × 120 = 840개의 열쇠가 필요하다. 10명의 도둑들은 저마다 84개의 열쇠를 받는다.

물론 열쇠의 수는 너무 많다. 트렁크 하나를 120개의 자물쇠로 잠그는 일 또한 현실적으로 불가능하다. 하지만 도둑들이 서로를 믿지 못하니 어쩔 수 없지 않겠는가.

71 20개의 사과 상자를 공평하게 나누는 법

무작위로 고른 2개의 상자에 들어갈 수 있는 사과의 개수는 최소한 3개(1+2)이고 최대 59개(29+30)다. 가장 다양한 조합이 존재하는 경우는 두 상자에 든 사과의 개수가 31개일 때다. 이 경우에는 1부터 30까지 모든 숫자가 전부 한 번씩 등장하는 열다섯 가지 다양한 조합이 존재한다.

30+1, 29+2, 28+3, 27+4, 26+5, 25+6, 24+7, 23+8, 22+9, 21+10,

$$20+11, 19+12, 18+13, 17+14, 16+15$$

그런데 이런 경우가 다 등장할 수가 없다. 창고에 놓인 사과 상자는 20개뿐이기 때문이다. 그러므로 위에 제시한 열다섯 가지 조합 중에서 열 가지를 없애야 한다. 그래도 다섯 가지의 조합이 남는다. 문제를 해결하기 위해서는 이러한 조합의 쌍이 네 가지만 존재해도 충분하다. 제잠과 베르트는 이 중에서 각각 두 가지 조합을 얻게 되며 각자 62개씩의 사과를 가져갈 것이다.

제1장

제2장

제3장

제4장

제5장

제6장

제7장

제8장

제9장

72 다리 위를 달리는 2대의 자전거

자전거 2대의 속도는 14km/h이다.

자동차가 다리에 진입했을 때, 첫 번째 자전거는 다리 위 80m 지점을 지나게 된다. 이 자전거가 다리 끝까지 20m를 더 전진하는 동안 자동차는 100m 길이의 다리를 모두 지났다. 그러므로 자전거의 속도는 70km/h의 1/5로 14km/h이다.

73 시간이 늦어버린 자동차는 정시에 여객선을 탈 수 있을까?

이 가족이 여객선을 놓치지 않고 타려면 자동차를 240km/h의 속도로 운전해야 한다.

운전자는 총 거리의 절반을 120이 아닌 80km/h로 달렸다. 그러므로 예상했던 것보다 시간이 50% 더 걸린 셈이다(80km/h의 속도로 120km를 가려면 1.5시간이 걸린다). 그러면 어쩔 수 없이 지체된 50%의 시간을 나머지 거리에서 단축해야 한다.

즉, 자동차는 원래 계획한 시간의 절반 동안 나머지 거리를 주파해야 한다. 따라서 자동차의 속도도 계획했던 120km/h보다 2배로 빨라져야 한다.

결론적으로 이 가족은 여객선을 놓칠 것이다. 240km/h는 현실적으로 낼 수 있는 평균 속도가 아니기 때문이다.

그런데 많은 사람이 이 문제의 답을 160km/h라고 생각했을 것이다. 이런 실수는 직감적으로 자동차의 이동 거리를 생각하지 않고 이동 시간만 계산하기 때문에 생긴다. 120km/h가 아니라 80km/h로 이동해야 하는 거리의 절반을 통과했으니, 나머지 절반(시간)은 160km/h로 달리면 정시에 도착한다고 생각한 것이다. 하지만 문제는 나머지 거리를 얼마나 빨리 주파해야 하는지를 묻고 있다.

이런 단순한 계산(40만큼 느리게 달렸으니 40만큼 더 빨리 달리면 되겠지)이 틀린 이유를 이해하기 위해 다음 상황을 생각해보자.

만약 운전자가 여객선 선착장까지 가는 거리의 절반을 60km/h로 달렸다면 예상한 시간을 모두 써버렸을 것이다. 절반의 속도는 2배의 시간을 의미하기 때문이다.

74 에스컬레이터의 계단은 몇 개일까?

많은 사람이 75개라고 예상했겠지만 답은 72개다.

올라가는 에스컬레이터를 타고 계단을 오르면, 계단 자체가 움직이므로 실제 에스컬레이터의 계단 수보다 적은 수를 올라가게 된다. 아래로 내려가는 경우는 이와 반대로, 계단 수보다 많은 수를 내려가야 한다.

이제 여러분이 계단을 1개 오르는 데 걸리는 시간 동안 에스컬레이터기 s계단만큼 이동한다고 가정하자(s가 정수일 필요는 없다!). 그러면 오른쪽과 같이 2개의 등식을 만들 수 있다. 하나는 상행 에스컬레이터를 오르는 경우, 그리고 다른 하나는 상행 에스컬레이터를 거슬러 내려가는 경우다.

전체 계단 수 = 60 + 60 × s

전체 계단 수 = 90 − 90 × s

이제 2개의 식을 나란히 놓으면 다음과 같은 등식을 얻게 된다.

$$60 + 60 \times s = 90 - 90 \times s$$

이를 계산하면 다음과 같다.

$$150 \times s = 30$$
$$s = \frac{1}{5}$$

이렇게 구한 s를 맨 처음의 두 등식 중 하나에 대입하면 전체 계단 수가 72라는 답을 얻을 수 있다.

75 자전거를 타는 여자와 일정하게 부는 바람

대부분의 사람이 왕복에 소요된 시간의 중간인 35분일 것이라고 생각할 것이다. 하지만 이것은 오답이다. 정답은 34분 17초다.

우리는 바람이 불지 않을 때 이 여자가 자전거를 타고 이동하는 속도를 계산해야 한다. 그러므로 출발해서 반환 지점까지 가는 속도와 다시 출발 지점으로 돌아오는 속도를 바탕으로 평균속도를 구할 것이다. 속도는 거리를 시간으로 나누어서 구할 수 있다.

$$갈 때 속도 = 15km/30m = 30km/h$$

$$올 때 속도 = 15km/40m = 22.5km/h$$

$$평균속도 = \frac{30 + 22.5}{2} km/h = 26.25km/h$$

이 여자가 26.25km/h의 속도로 15km 구간을 달린다면 15/26.25시간, 즉 34분 17초
가 걸린다.

76 강을 거슬러 올라가는 두 남자와 떠내려가는 모자

강물이 흐르는 속도는 6km/h다.

내 칼럼의 독자들이 보내준 고상한 풀이 방법을 먼저 소개한다. 모자가 떨어진 지점
에서 출발점까지 떠내려가는 데 걸린 시간은 10분이다. 만약 1시간 동안 떠내려갔다
면 6km를 이동했을 것이다.

이번에는 두 남자가 노를 저어 이동한 전체 구간과 시간을 바탕으로 정석대로 계산하
는 고전적인 문제풀이 방법을 이용해보자. 두 사람이 5분간 노를 저었을 때, 강물을 거
슬러 이동할 때보다 강물을 타고 이동할 때 정확히 1km를 더 많이 이동했다.

강물의 속도를 f로, 노를 저어 이동하는 속도를 r이라고 표현하자.

1km가 지난 후 모자를 떨어뜨렸다.

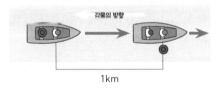

1km

5분 후에 배를 돌리고,

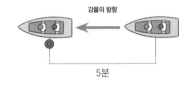

강물의 방향

다시 5분 후에 모자를 건졌다.

강물의 방향

5분

강 하류 방향으로 이동하는 배의 속도는 가장 빠른 경우인 r + f다. 반면 강물의 흐름을 거슬러 올라가는 경우 배의 속도는 r − f다. 이동거리는 속도와 이동 시간을 곱하면 구할 수 있다. 이 내용을 바탕으로 등식을 만들어보자. 분은 m으로 표기한다.

$$1km + (r − f) \times 5m = (r + f) \times 5m$$

등호의 양쪽에서 r × 5m을 제거할 수 있고, 그러면 이 등식에서 두 미지수 중 하나인 r이 없어지므로 미지수 f의 값만 구하면 된다!

$$1km + −f \times 5m = f \times 5m$$

등호 왼쪽에 있던 f × 5m을 오른쪽으로 옮겨서 합칠 수 있다.

$$1km = f \times 10m$$

제1장

제2장

제3장

제4장

제5장

제6장

제7장

제8장

제9장

이제 f값을 구할 수 있다.

$$f = \frac{1}{10} \text{ km/m}$$

그런데 속도는 보통 분당 대신 시간당으로 표시하기 때문에 단위를 수정하자. 1시간은 60분이므로 강물이 흐르는 속도는 1/10km/m와 동일한 6km/h이다.

77 6개의 도시를 돌아다니는 도시 순회 여행

두 가지 경우를 구분해서 생각해야 한다.

첫 번째 경우 모든 도시가 다른 모든 도시와 각각 하나의 고속도로로 연결된 경우. 그러면 언제나 임의로 선택한 4개의 도시를 순회하는 여행이 가능하다. 따라서 이 경우에는 문제에서 원하는 증명이 해결되었다.

두 번째 경우 모든 도시가 서로 연결돼 있지 않은 경우. 그러면 직접 연결돼 있지 않은 두 도시가 반드시 존재한다. 그렇다면 서로 연결되지 않은 두 도시도 4개의 도시를 순회하는 경유 여행의 일부가 될 수 있음을 증명하자.

두 도시를 각각 A와 B로 부르자. A는 최소 3개의 도시와 직접 연결돼 있다. A와 B는 직접 연결돼 있지 않기 때문에, 3개의 도시 중에 B는 속하지 않는다. A와 연결된 3개의 도시를 각각 C, D, E라고 부르자. 그리고 B도 최소 3개의 다른 도시와 직접 연결돼 있으며, 이번에도 마찬가지로 A는 이 세 도시에 속하지 않는다. 다음 그림을 참고하라.

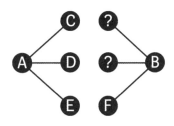

도시는 모두 6개다(A, B, C, D, E, F). B는 F와 연결될 수 있고, 또한 다른 세 도시 C, D, E 중 2개의 도시와 연결돼야 한다. 그래야 문제에서 설명한 것처럼 B가 적어도 3개의 도시와 연결될 수 있기 때문이다.

B가 A와도 연결된 2개의 도시와 연결되는 경우에는 우리가 원하는 도시 순회 여행이 가능해진다.

B에서 출발하는 고속도로 2개가 C와 D로 이어진다고 가정해보자. 그러면 다음처럼 4개의 도시를 경유하는 순회 코스가 생겨난다. A에서 출발해 C에 도착하고, 그곳에서 출발해 B로 갔다가 다시 D에 도착하고, 마지막으로 다시 A로 돌아오는 경로다. 다음 그림을 참고하라.

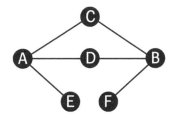

이 증명으로 4개의 도시를 모두 들르는 순회 여행이 항상 가능함을 알 수 있다.

제1장
제2장
제3장
제4장
제5장
제6장
제7장
제8장
제9장

900명의 회원들이 100대의 버스에 나누어 탔다.

모든 클래식 버스의 수를 b, 야유회 출발 시점에 버스 1대에 탄 회원의 수를 p라고 표시하자. 그러면 클래식 버스 야유회에 참석한 회원은 b × p명이다.

성벽으로 가는 길에 10대의 버스가 고장 났고(b − 10) 나머지 버스에 회원이 1명씩 더 탔으므로(p + 1), 이제 b − 10대의 버스에 모든 회원, 즉 b × p명이 나누어 타게 되었다. 식으로 표현하면 다음과 같다.

$$b \times p = (b - 10) \times (p + 1)$$
$$b \times p = b \times p - 10p + b - 10$$

위 식을 b에 관한 식으로 바꾸면, 다음과 같다.

$$b = 10p + 10$$
$$b = 10(p + 1)$$

이제 주차장으로 돌아오는 길에 b−25대의 버스에는 각각 p+3명의 회원이 타고 있다. 이때도 전체 회원의 수는 처음과 같다.

$$b \times p = (b - 25) \times (p + 3)$$
$$b \times p = b \times p + 3b - 25p - 75$$

이번에도 b에 관한 식으로 바꿔보자.

$$3b = 25p + 75$$

위에서 우리는 $b = 10(p+1)$임을 계산했다. b에 관한 2개의 식을 합치면 p의 값을 구할 수 있다.

$$30p + 30 = 25p + 75$$
$$5p = 45$$
$$p = 9$$

그러므로 출발할 때 버스 1대에 타고 있던 회원의 수는 9명이다. 그리고 $b = 10(p+1)$의 식으로 버스의 수도 금방 구할 수 있다. 100대다.

따라서 $100 \times 9 = 900$명의 회원들이 야유회를 위해 모였고, 처음에는 100대의 버스에 각각 9명씩 타고 있었음을 알 수 있다.

79 항상 같은 지하철을 이용하는 카사노바, 우연을 의심하다

지하철은 양쪽 방향 모두 정확히 10분 간격으로 운행한다. 여기서 주목해야 할 부분은 한쪽 전철이 역에 도착한 다음 반대편 전철이 도착하는 시간 사이의 간격이다. 만약 이 간격이 5분이라면, 카사노바는 거의 비슷한 비율로 여자 친구들과 데이트를 할 것이다. 이 경우에 배차 시간은 예컨대 한쪽 방향이 00, 10, 20, 30, 40, 50분이면 반대 방향은 05, 15, 25, 35, 45, 55분이다.

제1장

제2장

제3장

제4장

제5장

제6장

제7장

제8장

제9장

그런데 문제가 제시하는 상황을 읽어보면 양방향 전철이 서로 짧은 간격을 두고 도착하는 것으로 보인다. 두 여자 친구를 만난 비율이 큰 차이를 보이기 때문이다. 예를 들어 전철 A가 도착하고 2분 뒤 반대편에 전철 B가 도착한다고 생각해보자. 그러면 A의 배차 시간은 예컨대 00, 10, 20, 30, 40, 50분이고 B의 배차 시간은 02, 12, 22, 32, 42, 52분일 것이다.

카사노바가 전철역에 오면 그는 8/10의 가능성으로 전철 A를 타게 되고 2/10의 가능성으로 전철 B를 타게 된다. 그러므로 그는 한 여자 친구에 비해 다른 여자 친구와 평균적으로 4배 더 자주 데이트하게 된다.

80 올라가는 에스컬레이터에서의 달리기 경주

겉으로 드러나는 계단은 모두 36개다.

남자는 12계단을 걸어 올라갔고, 동시에 에스컬레이터도 위로 이동했다. 이동한 총 계단 중에서 일부는 남자가 걸어서 이동한 것이고 나머지는 에스컬레이터가 이동한 것이다. 남자가 걷지 않고 타고 이동한 계단 수가 a개라면, 전체 계단 수는 a + 12개다.

이제 여자의 상황을 보자. 그녀는 24계단을 뛰어 올라왔고 그녀가 에스컬레이터에 올라타 있는 동안 에스컬레이터는 남자가 타고 이동한 거리의 절반만큼 움직였다. 그러므로 그녀가 에스컬레이터를 타고 이동한 계단의 수는 a/2개다. 그리고 그녀가 이동한 총 계단의 수는 24 + a/2개다.

이제 두 사람이 이동한 총 계단 수를 서로 비교할 수 있다. 어쨌든 두 사람이 탄 것은 같은 에스컬레이터였으니 말이다.

$$a + 12 = 24 + \frac{a}{2}$$

위 식을 계산하면 a/2 = 12이고 a = 24이다. 이 값을 전체 계단 수 = a + 12에 대입하면 24 + 12 = 36개를 얻는다.

81 항공기 1대가 지구를 한 바퀴 도는 데 필요한 것은?

항공기 3대면 충분하다.

2대의 항공기로는 지구를 한 바퀴 돌 수 없다. 2대가 동시에 출발한다고 생각해보자. 연료의 1/3을 사용했을 때 첫 번째 항공기가 두 번째 항공기에게 전체 연료의 1/3를 넘겨주고 항공모함으로 돌아올 수 있다. 이때 두 번째 항공기는 지구 둘레의 1/6을 이동했을 것이다. 상공에서 연료를 넘겨받은 항공기는 지구 둘레의 1/6 + 1/2 = 2/3를 이동할 수 있다. 하지만 그 지점에서 연료가 바닥나고, 또한 이 지점까지 첫 번째 비행기가 섬에서 연료를 싣고 가기에는 비행 거리가 너무 길다(지구 둘레의 1/3).

반면 항공기가 3대라면 지구를 한 바퀴 돌 수 있다. 다만 연료를 전달하는 2대의 항공기는 상공에서 연료를 전달한 후에 항공모함으로 돌아와서 연료를 충전한 후 다시 지구를 도는 항공기를 향해 반대 방향으로 출발해야 한다.

전체 비행 계획은 다음과 같다. A, B, C 3대의 항공기가 동시에 출발한다. 총 거리(지구 둘레)의 1/8 지점에서 C가 A와 B에게 전체 연료의 1/4씩을 각각 전달하고 복귀한다. 나머지 1/4의 연료로 C는 충분히 항공모함까지 올 수 있다. A와 B의 연료통이 다시 꽉 차게 된다.

A와 B는 다시 총 거리의 1/8을 더 간다. 연료통에는 3/4의 연료가 남는다. B가 전체 연료의 1/4을 A에게 넘겨주고 복귀한다. A의 연료통이 다시 꽉 차게 된다. B는 나머지 2/4의 연료로 충분히 항공모함까지 올 수 있다.

A는 연료가 모두 소진되는 지점까지 비행한다. 그 지점에서 섬까지의 거리는 총 거리

의 1/4이다. 이 지점에서 A는 맞은편에서 날아온 B를 만난다. B의 연료는 1/4 지점까지 비행하는 동안 절반으로 줄었다. B가 가진 연료의 절반을 A에게 건네주면, 두 항공기는 이제 각각 전체 연료의 1/4을 보유하게 되며, 함께 섬이 있는 쪽으로 비행한다. 이제 섬에서 지구 둘레의 1/8만큼 떨어진 지점에 도착하면 두 항공기의 연료통이 비게 된다. 하지만 항공기 C가 남아 있다. C는 두 항공기에게 날아가서 연료의 1/4씩을 전달한다. 그리고 항공기 3대의 연료통에는 섬까지 복귀하기 위해 필요한 1/4만큼의 연료가 각각 남게 된다.

82 동시에 출발하는 여객선이 가진 비밀

강폭은 1,000m다.

여객선 2대가 똑같이 5분씩 정박하기 때문에 우리는 정박 시간을 무시하고 여객선이 선착장에 도착하자마자 다시 돌아온다고 가정할 수 있다.

처음 만났을 때 두 여객선은 합쳐서 강폭만큼 이동했으며, 두 번째 만났을 때 두 여객선이 합쳐서 이동한 거리는 강폭의 3배다.

두 여객선이 항상 일정한 속도로 이동하기 때문에, 더 느린 여객선이 맨 처음 선착장에서 출발한 때부터 다른 여객선을 두 번째로 만날 때까지 이동한 전체 거리는 처음 출발 지점부터 첫 번째로 만나는 지점까지 이동한 거리(정확히 400m)의 3배다. 그러므로 두 번째 만남 지점까지 더 느린 여객선이 이동한 전체 거리는 $3 \times 400 = 1,200$m다.

그런데 우리는 더 느린 여객선을 두 번째로 만났을 때 오른쪽 강변에서 200m 떨어진 지점에 있었다는 사실을 알고 있다. 따라서 강폭은 $1,200 - 200 = 1,000$m라는 것을 알 수 있다.

제1장

제2장

제3장

제4장

제5장

제6장

제7장

제8장

제9장

제8장

가장 어려운 문제들

83 동전 50개로 누가 돈을 더 많이 가져갈 수 있을까?

모든 동전을 동전에 적힌 금액과 상관없이 일렬로 늘어놓고 왼쪽부터 오른쪽으로 동전마다 1부터 50까지 번호를 붙여보자. 이제 이 번호에 따라 짝수나 홀수 번호의 동전들만 모으는 일은 식은 죽 먹기일 것이다.

처음 동전을 집기 전에 생각해야 할 것은 큰 금액이 적힌 동전들이 홀수 번호에 더 많은지, 짝수 번호에 더 많은지이다. 상대는 어쩔 수 없이 여러분이 선택하지 않은 나머지 25개의 동전들을 가져가야만 하므로, 여러분이 더 큰 금액의 동전을 많이 집는다면 절대로 여러분을 이길 수 없다.

만약 짝수 번호를 가진 동전 25개의 금액이 홀수 동전 25개의 금액보다 큰 경우, 가장 먼저 50번 동전을 집어라. 그러면 상대는 1번이나 49번 동전, 즉 홀수 동전을 집게 된다. 상대가 어느 것을 집었든, 동전 줄의 한쪽 끝에는 다시 짝수 번호의 동전, 즉 2번이나 48번이 노출된다. 이것이 바로 여러분이 집어야 할 동전이다. 이렇게 모든 동전을 집을 때까지 게임을 즐기면 된다.

만약 홀수 동전의 금액이 더 크다면, 처음에 1번 동전을 집어라. 그런 다음에는 짝수 동전을 집었을 때와 똑같은 방식으로 계속해서 홀수 번호의 동전만 집으면 된다. 그렇다면 만약 홀수 동전이나 짝수 동전이나 금액이 똑같아 보인다면, 어느 한쪽(짝수나 홀수)을 선택해 위에서 설명한 것처럼 일관되게 게임을 하면 된다. 어떠한 경우에도 상대는 여러분보다 더 많은 돈을 가져갈 수 없을 것이고, 기껏해야 똑같은 금액을 가져갈 것이다.

84 모자 색을 맞춰 사면될 확률 높이기

3명의 죄수는 75%의 확률로 사면될 수 있다. 3명의 죄수는 다음과 같은 여덟 가지 경우로 모자를 쓰게 된다. 각 경우의 확률은 모두 같다.

	A	B	C
1	흰색	흰색	흰색
2	흰색	흰색	검은색
3	흰색	검은색	흰색
4	흰색	검은색	검은색
5	검은색	흰색	흰색
6	검은색	흰색	검은색
7	검은색	검은색	흰색
8	검은색	검은색	검은색

죄수들이 생각해낸 전략은 이렇다. 교도소장이 질문하면 처음 질문을 받은 죄수(A라고 하자)가 나머지 2명이 쓴 모자를 본다. 두 사람이 같은 색 모자를 쓰고 있다면, 다른 색상을 말한다. 두 사람이 쓴 모자의 색상이 서로 다르면, 대답을 포기한다.

B와 C가 같은 색의 모자를 쓴 경우 위 표의 1번과 8번의 경우, A의 대답은 틀리며, 4번과 5번의 경우에는 옳다. 나머지 2명은 대답을 포기한다. 그러면 50%의 확률로 A가 자신이 쓴 모자 색상을 맞출 수 있다(1, 4, 5, 8번 경우).

B와 C가 다른 색의 모자를 쓴 경우 처음 질문을 받은 죄수(A)가 대답을 포기하면 두 번째 질문을 받은 죄수(B)는 자신이 쓴 모자의 색상을 알 수 있다. 세 번째 죄수가 쓴 모자의 색상만 보면 되기 때문이다. 그러므로 이 경우에 죄수들의 전략은 항상 성공한다. 죄수 C 역시 자신의 모자 색상을 맞출 수 있다. 죄수 B가 쓴 모자를 보고 자신의 모자 색상을 알 수 있기 때문이다. 이 네 가지 경우(2, 3, 6, 7번 경우)에 이들이 모자 색상을 맞출 확률은 100%다. 종합해보면 죄수들이 사면될 확률을 계산할 수 있다. 답은 $1/2 \times 50\% + 1/2 \times 100\% = 75\%$다.

85 몇 번을 떨어뜨려야 유리컵이 깨질까?

네 번의 시험으로 충분하다!

첫 번째 시도는 4층에서 시작한다. 유리컵이 깨지면 검사 직원은 나머지 1개의 컵을 이용해 아래층, 즉 1층부터 3층까지 차례대로 두 번째 컵을 던진다. 세 층 모두에서 컵을 던진다고 해도 직원은 최대 네 번의 시험을 하게 된다.

만약 4층에서 컵이 깨지지 않았다면 이번에는 7층에서 던진다. 컵이 깨지면 나머지 컵

제1장
제2장
제3장
제4장
제5장
제6장
제7장
제8장
제9장

을 이용해 아래층, 즉 5층과 6층에서 차례로 컵을 던져 시험한다. 이때도 최대 네 번의 시험을 하게 된다.

7층에서도 컵이 깨지지 않았다면 이번에는 9층에서 던진다. 컵이 깨지면 멀쩡한 나머지 컵을 이용해 8층에서 던진다. 역시 최대 4번의 시험을 하게 된다.

또한 9층에서도 컵이 깨지지 않으면 검사 직원은 10층에 올라가서 컵을 던지면 된다. 이 경우에도 유리컵은 네 번까지 던지게 된다.

이 문제는 난이도 높은 문제 모음집에서 발췌한 것으로, 1996년에 미국수학협회에서 발간한 책《자전거는 어느 길로 갔을까?》Which Way Did the Bicycle Go? 에 수록된 문제를 조금 변형한 것이다. 책에 등장하는 문제에서 품질 시험 탑은 36층이며 답은 여덟 번이다. 101층짜리 탑에서는 최대 14번의 시험으로 충분히 컵을 검사할 수 있다. 몇 층짜리 탑에서 시험하든 우리는 위와 유사한 방법으로 문제를 풀 수 있다.

86 500명의 학생과 500개의 사물함

열려 있는 사물함은 수의 제곱에 해당하는 숫자 번째 사물함이다. 즉, 1, 4, 9, 16, 25, 36, 49, 64, 81, 100, 121, 144, 169, 196, 225, 256, 289, 324, 361, 400, 441, 484번째 사물함이다.

n번째 사물함을 예로 들어 살펴보자. 이 사물함의 상태가 얼마나 자주 변하는지는 이의 약수의 수에 달렸다. n이 2개의 약수 j와 k를 가진다고 하면, n = j × k다. 약수 j와 k는 항상 쌍으로 등장한다. 왜냐하면 j가 n의 한 약수이면, n = j × k이 되게 하는 k가 1개 존재해야 하기 때문이다. j와 쌍을 이루는 k는 결코 2개가 될 수 없다.

그러면 j번째 학생과 k번째 학생이 n번째 사물함을 어떻게 바꾸어놓을까? 상태가 두 번 바뀌면 처음 상태와 똑같아지기 때문에 두 학생은 아무것도 바꾸지 못한다. 유일한 예외는 j = k인 경우, 즉 n이 어떤 수의 제곱일 경우다. 이 경우에 사물함 문은 열린 채로 다시 닫히지 않는다. 그러므로 n이 어떤 수의 제곱이라면, n번째 사물함의 문은 열린 채로 남는다. 그 외 다른 모든 사물함은 문이 닫히게 된다.

87 연료가 없는 자동차가 섬을 한 바퀴 돌 수 있을까?

여러분의 자동차는 다음 주유소에 도착하기 전에 연료가 떨어져서는 안 된다. 우리가 모르는 내용이 많기 때문에(가령 주유소의 개수, 주유소간 거리 및 연료의 분포 등) 문제가 어렵게 느껴질 수 있지만, 증명은 생각보다 간단하다.

상상력을 이용해 문제를 풀어보자. 구체적인 사항을 몰라도 먼저 어느 주유소에서 출발해야 하는지 생각해볼 수 있다.

일단 출발하기 전에 해변 도로를 충분히 돌 수 있는 만큼의 기름이 있는 상태에서, 무작위로 선택한 첫 번째 주유소에서 주유하고 출발한다고 상상해보라. 그리고 출발한 뒤 문제에서 제시한 것처럼 섬에 있는 모든 주유소마다 들러 기름을 넣는다고 상상하라.

이번에는 이 자동차가 이동하는 동안 연료통의 기름 수위를 살펴보자. 기름 수위는 일정하게 낮아지다가 주유소를 만나면 수직으로 상승할 것이다. 기름을 넣기 때문이다. 다음 페이지 그래프는 자동차가 섬을 한 바퀴 도는 동안 연료통의 기름 수위 변화를 예를 들어 나타낸 것이다. 기름 수위는 목표 지점에 도달한 후에는 처음 출발하기 전과 완전히 동일한 수준으로 돌아간다. 주유한 연료의 양이 사용한 연료의 양과 같기 때문이다.

이제 연료통의 기름 수위가 가장 낮아질 때 주유하는 주유소를 찾아라. 바로 이곳에서 해변 도로 드라이브를 시작하면 된다. 그러면 이어지는 여행 도중 연료통의 기름 수위가 이보다 낮아질 일은 생기지 않는다. 그러므로 연료가 떨어질 일 없이 섬을 한 바퀴

제1장

제2장

제3장

제4장

제5장

제6장

제7장

제8장

제9장

돌 수 있다. 증명이 해결되었다!

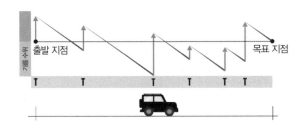

88 테이블, 2명의 도둑, 그리고 산처럼 쌓인 동전

먼저 동전을 내려놓는 사람이 동전을 모두 갖는다.

그가 해야 할 행동은 첫 번째 동전을 테이블 정중앙에 놓는 것이다. 그 다음부터는 상대가 어디에 동전을 두는지는 중요하지 않다.

중요한 것은 첫 번째로 동전을 놓는 사람이 상대가 동전을 둔 위치의 정확히 반대편에 다음 동전을 놓는 것이다. 기하학적으로 보면 정중앙에 있는 동전을 기준으로 대칭되는 자리에 동전을 두어야 한다.

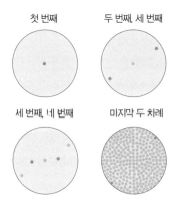

이 전략을 사용하면 처음 동전을 놓은 사람은 항상 동전을 놓을 위치를 확보하게 된다. 두 번째 사람이 동전을 내려놓을 수 있다면 중앙의 동전을 기준으로 대칭되는 위치가 항상 비어 있기 때문이다. 하지만 어느 순간 더 이상 동전을 놓을 수 없는 상황이 온다. 그리고 그 상황에 동전을 놓아야 하는 사람은 두 번째 사람일 것이다.

89 거의 아무도 풀지 못하는 문제, 0과 1

나는 먼저 한 자릿수 $n = 1$부터 $n = 9$까지의 자연수의 배수가 0과 1로만 이루어질 수 있는지 찾아보았다. 이것은 쉽게 알 수 있었다.

$$2 \times 5 = 10$$
$$3 \times 37 = 111$$
$$4 \times 25 = 100$$
$$5 \times 20 = 100$$
$$6 \times 185 = 1,110$$
$$7 \times 143 = 1,001$$
$$8 \times 125 = 1,000$$
$$9 \times 12,345,678 = 111,111,111$$

하지만 이런 접근법은 문제 풀이에 크게 도움이 되지 않았다. $n = 25$를 예로 들어보자. 곱할 수 있는 가장 작은 인수는 4이고, 이것의 배수는 2와 5의 배수를 제외하고는 얻을 수 있는 다른 배수들보다 작다. 조금 더 일반적인 풀이가 필요하다.

'서랍의 원칙'을 이용해보자. 서랍의 수보다 대상이 많은 경우, 대상이 2개 들어가는 서랍이 적어도 하나 존재한다는 원칙이다. 우리는 앞서 '머리카락 개수가 똑같은 베를린 사람' 문제에서 이 방법이 얼마나 편리한지 이미 알아보았다(18번 문제 참고).

이제 이 원칙을 이번 문제에 적용해보자. 임의의 자연수를 n으로 나누면 n개의 다양한 나머지가 생기는 것이 가능하다. 0부터 n−1까지. 이번에는 수 전체가 숫자 1로 이루어진 n+1개의 수들을 생각해보자. 가장 작은 수는 1이고, 그 다음은 11이며, 가장 큰 수는 n+1개의 1로 이루어진 수일 것이다.

이들 n+1개의 수들을 n으로 나누면 최대 n개의 다양한 나머지가 생기는 것이 가능하다. 그렇다면 이들 수 중에서 동일한 나머지를 가지는 적어도 2개의 수가 존재할 것이다(수의 개수는 n+1개, 서랍의 개수는 n개─옮긴이). 이 2개의 숫자를 골라 큰 수에서 작은 수를 빼면 11111⋯00000의 형태를 가지는 수가 생겨난다. 앞쪽은 모두 1이고 뒤쪽은 모두 0인 수다. 그리고 이 수는 n으로 나눌 수 있다.

90 파티에 참석한 사람들 중 몇 명과 악수해야 할까?

답은 4명이다.

참 친절하지 못한 문제다. 미리아나의 이름 외에는 아무 정보도 알려주지 않고 미리아나에 대해 질문을 하고 있으니 말이다.

하지만 나머지 손님들보다는 미리아나에 관해 조금 더 알고 있다. 또 그녀의 남편은 파티에 온 9명의 손님(미리아나 포함)을 설명하면서 자신의 이야기는 쏙 빼놓았다! 그러므로 각각 다른 수의 사람들과 악수를 했다는 내용은 카이를 제외한 나머지 9명의 이야기다.

사실 문제의 구성상 그럴 수밖에 없었다. 왜냐하면 모든 손님은 많아야 8명과 악수할 수 있는데, 가능한 수는 0번(모두를 알고 있음)부터 8번(아무도 모름)이기 때문이다. 그렇다면 손님들은 각각 몇 번이나 악수했을까? 이제부터 손님들을 각자가 악수한 횟수에 따라 부르도록 하겠다.

0과 8은 커플일 것이다. 커플이 아니라면 8(아무도 모름)이 0의 손을 잡고 악수를 해야 한다. 그러면 0은 더 이상 0일 수 없다. 왜냐하면 0은 모두를 알고 있으니 아무와도 악수를 하면 안 되기 때문이다. 이런 모순이 생기기 때문에 0과 8은 커플일 수밖에 없다.

1과 7도 커플일 것이다. 7은 0이 아닌 모든 사람들과 악수를 했을 것이고 1은 8과 악수했을 것이다. 만약 1과 7이 커플이 아니라면 7도 1과 악수를 해야 한다. 그렇다면 1은 더 이상 1일 수 없다. 이미 다른 사람과 악수를 했기 때문이다. 커플이 아니라면 모순이 생긴다!

동일한 방식으로 우리는 2와 6이 커플이고 3과 5가 커플임을 알 수 있다. 남은 사람은 4다. 혼자인 미리아나가 4가 된다. 문제에 나오진 않았지만 카이도 그의 아내처럼 네 번 악수를 했다. 카이는 9명의 손님들이 모두 서로 다른 횟수로 악수를 했다고 말했고, 악수의 횟수를 계산해보면 두 명이 네 번 악수를 했으므로 카이와 그의 아내가 각각 네 번씩 악수를 한 것이다.

91 미친 난이도의 문제, 50개의 시계와 테이블

이 문제에는 여러 개의 답이 존재한다. 그중에서도 수학자 피터 윙클러 Peter Winkler 가 제안한 방법을 이용하면 코사인 함수나 별도의 계산 없이도 이 문제의 답을 구할 수 있다. 우선 시계 하나만 놓고 관찰해보도록 하자.

M은 테이블 중심 지점이다. 그리고 a는 테이블 중심과 시계 중심점 사이의 거리이고, z는 테이블 중심과 긴바늘 끝부분 사이의 거리이다. 이제 a와 M이 수직으로 만나는 직선에서 긴바늘 끝부분까지 수직으로 이어지는 b라는 직선을 그어보자.

1시간 동안의 b의 길이를 평균내면 a와 정확히 동일하다. 동시에 z는 항상 b보다 크며, 두 지점에서만 z = b가 된다. 이로 미루어보아 1시간 동안 z의 평균값은 a보다 클 것이다.

그리고 이 사실은 50개 시계에 모두 적용된다. 모든 시계의 긴바늘까지의 거리 z의 합은 시계 중심까지의 거리인 a의 합보다 크다. 그리고 그러기 위해서는 60분 동안 적어도 한 번은 모든 z의 합이 모든 a의 합보다 큰 순간이 존재해야 한다.

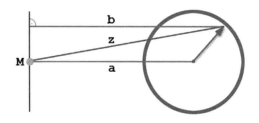

제1장

제2장

제3장

제4장

제5장

제6장

제7장

제8장

제9장

※ 이번 장의 문제에는 정답이 없다. 여기서 설명하는 내용은 하나의 예시일 뿐 각자의 상상대로 다른 이야기를 만들 수도 있다. 당신의 상상력이 어느 정도까지 발휘될 수 있는지 시험해보자!

92 잠든 사이에 무슨 일이? 간헐적 수면을 하는 여자

이 여자는 호텔에서 묵는 중이다. 그런데 안타깝게도 이 호텔은 방음이 거의 되지 않아 위층에 묵는 사람이 코를 고는 소리가 크게 들렸다. 호텔에선 방 번호만 알면 내선 전화를 걸 수 있다는 걸 알고 있던 여자는 위층 객실에 전화를 걸었다. 코를 골던 사람은 전화벨 소리를 듣고 깊은 잠에서 살짝 깨 코골이를 멈추었다. 여자는 그제야 잠을 다시 청할 수 있었지만 효과가 길지 않았다. 여자는 계속 잠에서 깰 수밖에 없었고 여러 차례 전화를 걸어 위층 손님을 깨워야 했다.

93 구멍에 빠진 불쌍한 병아리를 구하라!

이 책에 등장하는 모든 문제가 다 그렇지만, 이 문제도 답을 알고 나면 헛웃음이 나올 정도로 쉽다. 모래를 이용하라. 구멍의 벽 쪽으로 조심조심 모래를 부어주면 병아리는 조금씩 쌓이는 모래 위로 올라올 것이다. 그러다 보면 어느 순간 손으로 병아리를 꺼 낼 수 있는 높이가 될 것이다.

마찬가지로 구멍에 물을 채우는 방법도 있다. 오리나 백조의 새끼라면 무리 없이 물 위에 떠서 구멍을 빠져나올 수 있다.

이 문제는 미국의 유명한 퀴즈 수집가이자 개발자인 마틴 가드너의 책에서 가져왔다. 가드너는 과학 교양 잡지인 〈사이언티픽 아메리칸〉Scientific American에 10년 넘게 숫자 와 카드, 시계, 성냥개비로 할 수 있는 마술과 퀴즈를 연재하고 있다.

94 사막에서 죽은 남자에게는 어떤 비밀이 숨어 있을까?

그 남자는 열기구를 타고 사막을 횡단하는 여행팀의 일원이었다. 그런데 갑자기 버너 에 문제가 생겼고 열기구가 균형을 잃고 추락하기 시작했다. 그들은 기구 안에 있는 무거운 것을 모두 밖으로 던져버리고 성냥으로 불을 피웠다. 그러던 중 열기구 바깥으 로 떨어져 죽게 되었다.

95 라디오를 들으며 운전하는 이상한 운전자

그 남자는 라디오 진행자다. 그는 방금 전 자기 아내를 살해했다. 자신의 범죄를 숨기 기 위해 생방송 분량을 미리 녹음해놓고 자신의 집에 갔다가 스튜디오에 돌아갈 때까 지 생방송으로 라디오를 진행하는 것처럼 꾸몄다. 그런데 스튜디오로 돌아가던 중 라 디오를 켜보니 자신이 녹음한 내용이 방송되지 않고 있었다. 뭔가 기술적인 문제가 생긴 것 같았다. 결국 알리바이가 실패로 돌아가자 자살을 택했다.

96 술집에 들어간 손님은 왜 총을 보고 고맙다고 했을까?

한 가지 가능한 이야기는 다음과 같다. 그 남자는 딸꾹질이 멈추지 않았다. 물을 마시는 것이 도움이 되므로 그는 술집에 들어가 물 한 잔을 시켰다. 하지만 술집 주인이 더 좋은 방법을 생각해냈다. 그는 권총을 겨누어 손님을 놀라게 했다. 그러자 딸꾹질이 멈추었고, 이에 남자는 주인에게 고마움을 표시하며 술집을 떠났다.

97 언덕 위에 놓여 있는 희한한 조합

이 물건들은 눈사람을 장식했던 것들이다.

98 그림 같은 캘리포니아 해변에서 펼쳐진 경적 콘서트

자정이 다 된 시간이라 거의 모든 투숙객이 잠을 자고 있었다. 이 남자는 차에서 뭔가를 가져오기 위해 여관에서 나왔다. 그런데 차에 가서 물건을 뒤지다 보니 아뿔싸! 자신의 방이 몇 호였는지 기억이 나지 않았다. 그의 아내는 이미 깊은 잠에 빠져 있었다. 잠에 빠지면 그녀는 아무것도 듣지 못했다. 그래서 그는 길게 경적을 울린 뒤에 사람들이 불을 켜거나 창문을 여는지 관찰했다. 불도 켜지지 않고 아무 인기척도 없는 방이 어떤 방인지 확인하고 자기 방을 찾아갔다.

99 병원 건물의 계단에서 알게 된 사실

이 여자의 남편은 중환자실에 있었다. 그는 인공심폐기와 같은 전기 장치 덕분에 간신히 생명을 유지하고 있었다. 그런데 병원의 전기가 나갔다면 병원의 전기 장치가 더

제2장

제3장

제4장

제5장

제6장

제7장

제8장

제9장

307

이상 작동하지 않을 것이기에 남편의 생명도 더 이상 유지되지 않을 것이었다. 그래서 이 여자는 남편의 죽음을 알게 되었다(단, 이 설명은 현대의 병원 상황과는 맞지 않는다. 최근에는 대부분의 병원이 비상시 사용할 수 있는 예비 전력과 발전기를 갖추고 있다).

100 새 신발을 신고 출근한 여자는 왜 갑자기 죽었을까?

이 여자는 서커스에서 칼 던지는 마술사를 돕는 도우미였다. 마술쇼에서 그녀는 항상 마술사가 칼을 던지는 벽에 매혹적인 포즈로 서 있는 역할을 했다. 그런데 새로 산 하이힐이 그녀를 죽음으로 몰아갔다. 평소에 낮은 굽의 구두를 즐겨 신던 그녀가 이번에 새로 산 하이힐은 굽이 20cm였다. 그녀가 새 하이힐을 신었다는 것을 몰랐던 마술사가 마술쇼 도중에 그 사실을 알아챘을 때는 이미 너무 늦은 뒤였다.

2014년 10월부터 매주 〈슈피겔 온라인〉에 '이 주의 문제'를 연재하고 있다. 아이디어는 대부분 인터넷에서 얻으며, 흥미로운 수학 문제를 모아놓은 웹페이지를 참고한다. 수학경시대회, 수학올림피아드 대회의 기출문제는 정말 보석 같은 문제들이다. 내 독자들도 흥미로운 문제들을 내게 보내주었다. 대부분의 알려진 문제들은 마틴 가드너와 새뮤얼 로이드의 책에 실려 있다. 출처를 알 수 없는 문제들도 있었다. '구전 동화'처럼 많은 사람들이 입에서 입으로 전달해온 문제들이 그렇다. 그러므로 다음의 참고문헌은 반드시 문제의 최초 출처가 아닐 수도 있음을 밝힌다.

Jurgen C. Hess: "Gehirntraining", 2011, Dudenverlag(1, 29, 50번)

Sam Loyd: "Cyclopedia of 5000 Puzzles, Tricks, and Conundrums", 1914, http://www.mathpuzzle.com/loyd/ (3, 9, 38, 78번)

https://www.glassdoor.com/ (12번)

SPIEGEL-ONLINE-Leser Rene Koch (15번), Erik Pascal Johansen (16번), Gerald Dillenburg (32번), Stefan Jansen (36번), Rolf Elmar Hoffmeister (57번), Peter Conzelmann (68번)

Adrian Paenza: "Mathematik durch die Hintertur", 2008, Random House (17, 26, 35, 64, 84번)

Albrecht Beutelspacher, Marcus Wagner: "Wie man durch eine Postkarte steigt", 2008, Herder (22번)

Archiv Mathematik-Olympiaden e. V. http://www.mathematik-olympiaden.de/archiv.html (20, 25, 46, 47, 49, 52, 54~56, 59, 67, 72, 77번)

Christoph Drosser: "Der Logikverfuhrer", 2012, Rowohlt (28번)

SPIEGEL-ONLINE-Kollegin Diana Doert (30번)

Kobon Fujimura: "The Tokyo Puzzle", 1978, Scribner (40번)

Intermediate Challenge 2016 des United Kingdom Mathematics Trust https://www.ukmt.org.uk/ (41번)

http://www.matheraetsel.de/ (43번)

Preliminary Scholastic Aptitude Test https://wordplay.blogs.nytimes.com/2013/09/23/pyramid-2/ (44번)

http://www.mathematik.ch/ (48번)

Martin Gardner: "My best mathematical Puzzles", 1994, Dover Publications (60, 81번)

Peter Winkler: "Mathematische Ratsel fur Liebhaber", 2008, Spektrum (62, 83, 86, 89, 91, 92번)

Soren Christensen, Universitat Kiel (65번)

http://de.sci.mathematik.narkive.com/b3svIivq/ (70번)

Michael Schreckenberg, Universitat Duisburg-Essen (73번)

http://www.denksport-raetsel.de/ (74번)

Joseph D. E. Konhauser, Dan Velleman, Stan Wagon: "Which Way Did the Bicycle Go?",
    1996, Mathematical Association of America (85번)

Laszlo Lovasz: "Combinatorial Problems and Exercises", 1979, American Mathematical
    Society (87번)

http://www.logisch-gedacht.de/ (88번)

http://www.rinkworks.com/brainfood/ (94, 96, 100번)

감
사
의
글

이 책을 쓰는 내내 정말 기뻤다. 특별히 키펜호이어 운트 비취 Kiepenheuer & Witsch 출판사의 편집자 스테파니 크라츠에게 감사의 인사를 전한다. 그녀의 날카로운 지적 덕분에 복잡한 내용을 최대한 명확하고 단순하게 쓸 수 있었다. 각각의 퀴즈에 꼭 맞는 일러스트를 그려준 동료 미하엘 니에스태트에게도 깊은 감사를 보낸다. 이 책을 제작하는 데 아이디어를 더해준 모든 퀴즈 친구들과 퍼즐 개발자들에게 고마움을 전한다. 그리고 매주 연재하는 새로운 퀴즈에 특별히 시간과 노력을 들여 조언을 아끼지 않는 〈슈피겔 온라인〉 학술/건강 부서의 동료들에게 감사를 전한다.